中国城市规划理念
继承·发展·创新

汪光焘

中国建筑工业出版社

图书在版编目(CIP)数据

中国城市规划理念 继承·发展·创新/汪光焘.-北京：中国建筑工业出版社，2008
ISBN 978-7-112-09092-1

Ⅰ.中... Ⅱ.汪... Ⅲ.城市规划-研究-中国 Ⅳ.TU984.2

中国版本图书馆CIP数据核字（2008）第013055号

责任编辑：石枫华
责任校对：关　键　王　爽

中国城市规划理念
继承·发展·创新
汪光焘
*
中国建筑工业出版社出版、发行（北京西郊百万庄）
各地新华书店、建筑书店经销
北京广厦京港图文有限公司设计制作
北京中科印刷有限公司印刷
*
开本：850×1168毫米　1/32　印张：3¾　字数：70千字
2008年2月第一版　2008年2月第一次印刷
印数：1-5000册　定价：39.00元
ISBN 978-7-112-09092-1
　　　（15756）
版权所有　翻印必究
如有印装质量问题，可寄本社退换
（邮政编码 100037）

赠元熙同志

关心和研究城市
规划颇有学术意义
以为纪念恶文

　　　　　李蕴林题
　　　丁亥冬

2007年11月17日,汪光焘探望在医院休养的季羡林先生

中华人民共和国建设部

季先生：

您好！

先生讲过，"国学决不是'发思古之幽情'。表面上它是研究过去的文化的，因此过去有一些学者使用"国故"这样一个词儿。但是，实际上，它既与过去有密切联系，又与现在甚至将来有密切联系"。[1] 追根溯源地研究中国城市规划理念的演进过程，是为了提炼出对中国城市规划影响最深远的传统文化理念。中国的城市规划汲取中国几千年传统文化的精髓，不断借鉴西方规划理念和技术，逐步形成了具有中国特色的规划理念。中国传统文化博大精深，新形势下所提倡的科学发展观、和谐社会，当是中国规划理念的立足之本，而时代的发展则是城市规划理念不断发展的动力所在。近日我欲出版《中国城市规划理念：继承·发展·创新》一书，恳请先生不吝赐墨为该书作序，学生当感激不尽。

请先生成全我的心愿。

祝先生健康长寿！

学生　汪光焘

二〇〇七年十一月十七日

---

[1] 季羡林．季羡林说国学．中国书店出版社．2007

前 言

2007年10月28日,备受期待与关注的《城乡规划法》经十届全国人大常委会第三十次会议表决通过。这部于2008年1月1日起施行的规划法更加突出了城乡规划在社会经济发展中的全局性、综合性、战略性的地位,并根据新形势适时地提出城乡统筹发展的原则,着重强调了对人居环境的关注和人文生活的关怀,将在新世纪更好地促进经济、社会、人口、资源、环境的协调发展。新的规划法对规划编制工作提出更高的要求,其关键是要按照科学发展观组织编制城市总体规划,并依法实施。发挥城乡规划在引导城镇化健康发展、促进城乡经济社会可持续发展中的统筹协调和综合调控作用,是广大规划工作者所必须担负的历史使命,是规划界必须认真面对和思考的重大问题。这个问题的解答不仅需要依赖科学技术的发展和进步,更为重要的是必须得到正确理念的指引。为积极应对工业化、信息化、城镇化、市场化、国际化的大趋势带来的挑战,中国的规划工作者应当博采众家之长,对一切思想来源保持开放的心态,要继续关注和学习国外的先进理念和技术,更要善于从中国传统文化宝库中汲取营养，结合现实背景探索符合当今中国的规划理念。对于那些以为中国传统文化思想理念无助于解决现代城乡发展问题的看法，我想只有通过深入了解中国传统文化思想，认识中国城市规划理念的演进过程，才能从历史中感受到中国传统文化的力量，才能鼓舞我们去寻找适用于今日和未来发展的宝贵经验，这便是本书写作的主要缘由。

中国古代传统文化源远流长，在五千年的历史长河中形成了一套迥异于西方的哲学思想和文化理念，它们是中国古代辉煌文明的根本所在。改革开放后，尤其是进入21世纪后，随着国民经济实力的提升和物质生活水平的提高，社会已经重新开始审视传统文化的价值。以国学热为标志，传统文化回归已经成为不可逆转的趋势，通过国学传承民族精神、培养创新意识和指导和谐社会建设已经成为社会的普遍共识。正如在科学领域，很多问题单靠西方理性科学思维模式已经难以解决，东方整体综合的思维方法日益受到推崇一样，传统文化在社会经济的各个领域更是开始发挥更大的作用。城市规划是协调社会经济发展的重要公共政策，从传统文化中寻找适合中国国情的经验是城市规划工作义不容辞的责任。近些年，规划学界对传统文化进行了大量的研究，遗憾的是这些研究大多集中于制度和物质层面，固守于技术领域，沉湎于规划布局研究，这种器物层面的解读由于历史背景的变化使得其现实价值大打折扣。今天，我们通过深入研析中国古代城市和传统文化之间的内在关系，并将其用于指导城乡建设和发展将会具有更为显著的现实意义。例如，曾经被国学大师季羡林先生评价为中国文化对人类最大贡献的"天人合一"理念，其价值在今天社会背景下显得更加突出，其对人与自然、人与人之间关系的理解是我们构建一个和谐、可持续发展社会的重要理论源泉。

从现实背景看，资源危机、能源危机和环境危机已经成为全球性的问题，这些问题在我国这样一个处于工业化、信息化、城镇化、市场化、国际化背景下发展关键时期的人口大国显得尤为突出。为了适应新形势要求和解决上述问题，党中央及时提出了科学发展观，提倡和坚持以人为本，树立全面、协调、可持续的发展观，以促进经济社会协调发展和人的全面发展为根本目标。在刚刚闭幕的中国共产党第十七次全国代表大会上，科学发展观被写入党章，将长久指导我国的社会主义建设事业。科学发展观的建立为城乡规划事业提供了更加广阔的发展空间，城乡规划将会在统筹城乡发展、区域发展、经济社会发展、人与自然和谐发展等诸多领域做出积极的贡献，这些复杂和艰巨的任务要求中国城乡规划不能简单照搬和引进西方现代城市规划理论。要完成上述任务，需要我们积极研究中国传统文化，从历史中汲取养分，分析和总结传统文化中对规划有益的成分，古为今用；需要我们认真分析近现代以来，国人在运用外来文化理念指导城市规划和建设中的成败得失，寻找适应科学发展要求的规划足迹；更需要我们研究新中国成立近60年以来的规划成果，回顾和总结老一辈规划工作者立足传统文化、借鉴西方技术、结合我国国情在规划实践上的有益探索，创造一条适应中国城市化，并对世界城市发展具有普遍意义的规划之路！

随着《城乡规划法》的出台，在科学发展观的指引下，中国的城乡规划事业即将进入一个新的阶段：在指导思想上更加明确地追求可持续发展目标；在规划管理的空间上将从城市和农村分离走向城乡统筹；在分析认识问题的方法上将从专注物质层面转向兼顾社会人文的发展。这些变化要求中国城乡规划必须寻找一个正确的规划理念并在其指导下，结合历史经验和现实需求，通过对科学规划指标体系的改进和完善予以实现。

回望历史，没有任何一个国家和地区在发展过程中需要面对今日中国城镇化过程中的众多复杂问题。如果能够通过传统文化理念和现代科学的结合（城市规划理论的完善）实现和谐城镇化的目标，不仅对我国社会主义现代化建设具有现实意义，也必将对世界的和谐发展做出积极的贡献。

二〇〇七年十一月

目 录

前言

一、中国传统文化理念对城市规划的影响 ……… 1

（一）传统文化理念对古代城市的影响 …………… 2

（二）传统文化理念对古代村镇的影响 …………… 16

（三）传统文化理念对宗教胜地的影响 …………… 22

二、20世纪中叶前外来文化理念

   对中国城市规划的影响 ……………………… 33

（一）国外现代规划理念的影响 …………………… 33

（二）经济、政治、文化带来的影响 ……………… 36

三、进入21世纪以来的新进展与当前任务 ……… 56

（一）20世纪后50年的初步回顾 …………………… 56

（二）进入21世纪以来的新进展 …………………… 78

（三）现实的迫切任务 ……………………………… 92

结束语 ……………………………………………… 102

后记 ………………………………………………… 105

一、中国传统文化理念对城市规划的影响

中华民族历史悠久,中华文明源远流长。正是在漫长的历史长河中,中华民族逐步形成一套由东方哲学思想、社会伦理、道德准则、行为规范、民间风俗等组成的特定文化体系,形成了自成一体的中国传统文化和迥异于西方文明的传统文化理念。中国传统文化中与城市规划建设相关的文化思想内容纷繁复杂,总体来说可以归结为三种文化理念:(1)讲究尊卑、追求秩序的宗法礼制思想;(2)人与自然和谐统一的"天人合一"理念;(3)追求脱身世俗、隐居修心的宗教文化理念。中国古代城市的规划受到的影响往往是上述理念共同作用的结果,例如作为统治中心的都城建设中也常常可以窥见"天人合一"的理念,同样即使在与自然相互交融的村落,还是可以看到像宗祠、祖庙等一类体现宗法礼制的基本特征元素。由于受到各种文化理念影响的强弱不尽相同,中国的古代城市才呈现出丰富、多彩的城市空间形态;创造出了富有中国传统文化内涵和意义的城市、村镇以及宗教胜地;形成了与自然和谐交融的人文景观、人居环境以及和谐的邻里关系。

下面我们通过对城市、村镇、宗教胜地三种不同的人居类型进行分析,探讨上述三种文化理念对中国古代城市

规划的影响。

(一) 传统文化理念对古代城市的影响

中国城市自古是政治和军事的堡垒,它伴随着国家的产生而出现。根据政治地位的重要性,古代中国城市基本可以分为都城、府城和县城三个等级。

统治阶级通过对城市布局、形制及建筑的精心设计,使都城在物质和精神两个层面上满足封建统治的政治需要。通过城市布局、形制和建筑类型,从精神上宣扬和强化王权统治和封建等级次序。宗法礼制的核心思想就是建立和维护社会秩序,由于得到历代帝王的全面宣扬,成为古代中国最为主导的文化理念,也成为对中国古代城市建设影响最深远的传统文化理念,其中最具代表性的是都城规划。

虽然,宗法礼制思想主导古代城市的规划和建设,但是"天人合一"理念对古代城市的影响也相当深远,是城市选址、空间布局的重要思想来源之一。宗教文化理念对城市的影响同样不能忽视,统治者的宗教信仰直接影响城市布局,城市内部和周边大量寺庙和道观等宗教建筑的出现,不仅改变了城市的空间形态,也拓展了城市规划的空间理念,丰富了城市文化内涵和自然、人文景观。

1. 都城

中国古代的都城，除特殊情况外，历代都城的规划建设都受到宗法礼制思想的主导和支配，基本遵循《周礼》中"匠人营国，方九里，旁三门。国中九经九纬，经涂九轨，左祖右社，面朝后市，市朝一夫"的礼制进行规划和建设，如图1-1所示的周王城图。整个城市的道路系统、坊里、市肆的位置均强调中轴对称的布局，主次分明、尊卑有序、层层递进，封建礼制和次序无处不在，体现了至

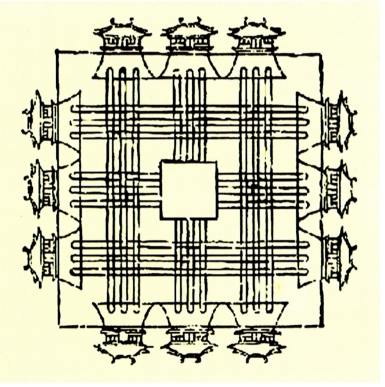

图1-1 周王城图

高无上的皇权。

同时,"天人合一"理念在都城规划建设中也起到了非常重要的作用(图1-2)。如都城布局中严格按照星宿布局,中轴线明显,结构对称严谨,重要祭祀建筑分列东西南北,天地呼应,日月同辉,体现了"天道、地道、人道"和谐统一的关系。

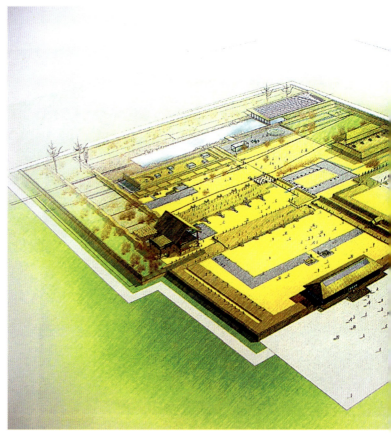

图1-2 偃师商城遗址复原鸟瞰图

一、中国传统文化理念对城市规划的影响

例1,汉魏洛阳城(图1-3)。洛阳城北靠邙山,南依洛水。虽然城市布局为不规则长方形,东西窄而南北宽,但是其空间布置仍然以宫殿为主,讲究中轴对称,遵循左祖右社的传统礼制。

例2,隋唐长安城(图1-4)。隋唐长安城是我国历史上规模最大的都城,其规划设计严格遵循王城制度,平面呈正方形,每面三门,宫城居中,左祖右社。长安城布局严整,分区明确,充分体现了以宫城为中心,"官民不相参"和便于管制的指导思想。整个城市的道路系统、坊里、市肆的位置体现了中轴对称的布局,主次分明、尊卑有序、层层递进,使至高无上的皇权得以体现。

例3,明南京城(图1-5、图1-6)。南京城的宫城居于皇城之中,宫城之内主要建筑均位于居中的轴线之上,宫城之外沿轴线为笔直御道,两侧对称分布文武各部,形成强烈的空间效果,彰显着封建礼制和次序。明、清南京城外城是典型的不规则形,其古城格局在顺应自然、利用自然方面可谓独具匠心,很好地契合了中国古代《管子》所倡导的"因天材,就地利,

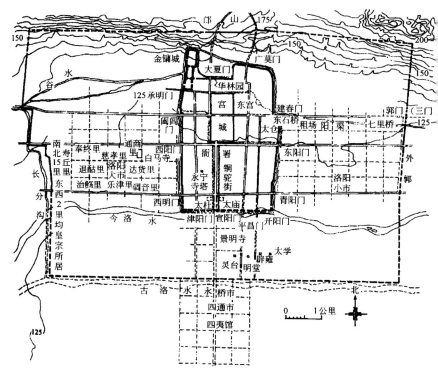

图1-3 汉魏洛阳城平面图

故城廓不必中规矩,道路不必中准绳"的规划思想。

例4,明清北京城(图1-7)。北京城以皇城为中心,按照王城制度布置各种公共建筑,其最大的艺术特点就是强调了中轴线的空间统领作用,运用一条长达8公里的轴线最大程度上强化了封建帝王气势和皇家威严,将儒家提倡"居中不偏"、"不正不威"的思想展现得淋漓尽致。此外,皇城前左(东)建太庙,右(西)建社稷

一、中国传统文化理念对城市规划的影响

图1-4 唐长安复原想像图

图1-5 明朝南京历史环境空间复原图

坛,并在城外四方建天、地、日、月四坛,所谓方位在天、礼序从人,这是顺之以天理,追求与天同源、同构,与自然和谐统一的"天人合一"哲学思想的重要体现。此外清代,北京皇城的西南城墙角为避让辽代双塔,曲折而建,形成不规则形状,也是宗法礼制思想的一个重要实例。

2. 府城、县城

府城作为封建社会的地区性统治中心,基本规划思想仍旧以儒家思想和封建礼制为核心,因此其形制与都城较为类似,比如府衙与城市的关系类似于宫城(内城)与都

一、中国传统文化理念对城市规划的影响

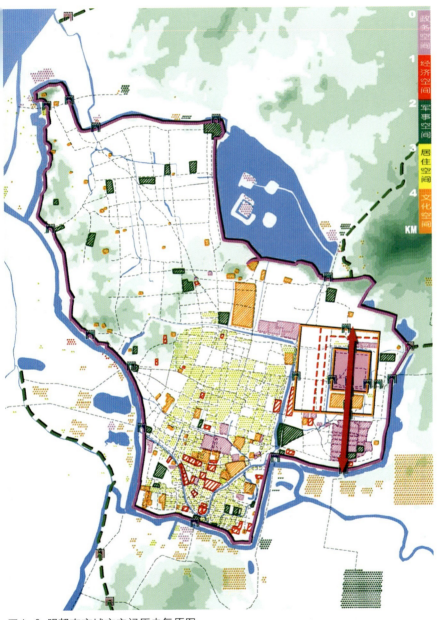

图1-6 明朝南京城市空间历史复原图

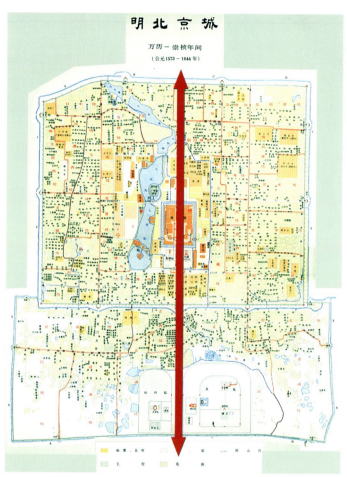

图1-7 明朝北京地图

城的关系等等,甚至府城中有的曾经作为都城。但是,这类城市毕竟不是都城,其宣扬和展示儒家文化和礼制思想的职责要远远小于都城,此外由于受到地形条件的限制等多重因素的影响,"天人合一"理念对城市影响的表现更加突出。在这种观念的影响下,很多府城、县城充分利用自

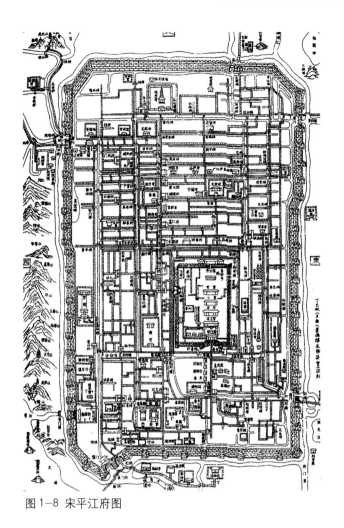

图1-8 宋平江府图

然地形,或依山起势,或临水而居,绝少有削山筑城、填河为街的改造,而是顺应自然条件进行建设,往往倚山筑墙、引河入城,在满足功能需要的同时,创造丰富的城市景观,与自然环境形成了高度和谐统一的关系。

例1,宋平江府(图1-8)。平江府没有古代北方城市规则方正,其街巷也呈现不规则形制,充分利用江南地区的自然水网特点,引水入城,合理改造利用,构建了"三横四直"的前街后河的道路系统。

例2,宁波城(图1-9)。城市依河而建,位于余姚江、奉化江和甬江的汇合处,余姚江和奉化江分别位于宁波城的东北和东南两个侧翼,唐代末年修建城墙和护城河,重点是西北面和西面。整个城市,由于受自然河流的影响,城市平面呈不规则形状。

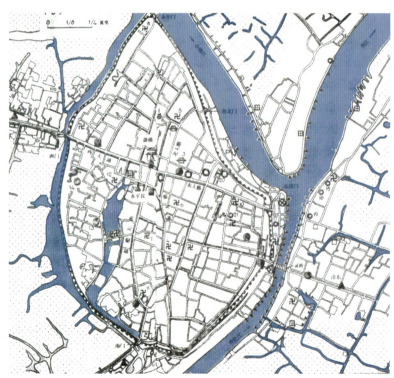

图1-9 宁波城

例3，明淮安城（图1-10）。淮安城是经多次修建逐步形成，利用旧城过程中没有简单地依循旧制，而是利用自然地形特点构建了包括旧城、新城和夹城三部分的城墙系统。而在护城河系统上，其利用黄河、湖荡、运河构建了一套独特的城壕系统。

图1-10 明淮安城城壕水系示意图

例4，临沂城（图1-11）。临沂城临水而建，城市形态格局基本根据沂水和涑河走向而来，城市轮廓摆脱方城模式，呈椭圆状，配合四门瓮城，城市显现为生动的乌龟状。

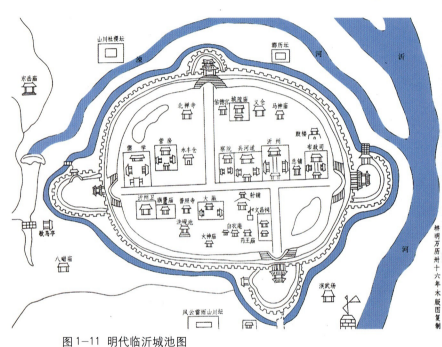

图1-11 明代临沂城池图

例5，绩溪县城（图1-12、图1-13）。其选址以徽州风水理论为指导，追求"天人合一"，认为人与自然界是互相联系，无法分割的。力求山、水、城的和谐相融，具有独特的徽州地域特点。古城顺应自然地形，呈现出生动的鲤鱼状仿生形态。主要道路正向相交、次序井然，次要道路顺应地形、因地制宜。

一、中国传统文化理念对城市规划的影响

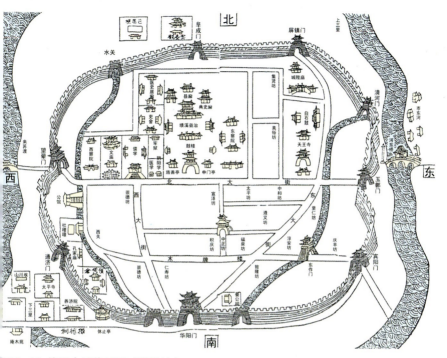

图1-12 绩溪古城格局图（明弘治）

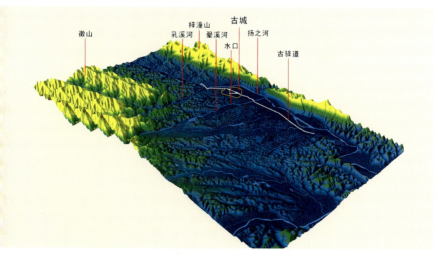

图1-13 绩溪古城环境示意图

（二）传统文化理念对古代村镇的影响

与城市不同，市镇与村落还是比较低级的人居聚落类型，其承担的功能和职责相对比较简单。由于处在政治体系最末端，市镇与村落承担政治功能十分有限，因此其形制、布局和建筑上需要展现的王权思想相对较少，"天人合一"理念的影响更为广泛。虽然中国古代市镇与村落的选址思想和规划手法均根植于"天人合一"的文化理念，但是这并不意味其不受到宗法礼制的影响，相反，宗法礼制中宗族礼制思想对规划布局产生了重要影响，例如在空间布局上占主导地位的基本就是象征宗法礼制的宗族祠堂。

1. 市镇

中国传统的市镇一般有三种来源：(1) 军镇演化的发展；(2) 世家巨族的繁衍扩大；(3) 村落经济功能扩大下的发展。虽然经济功能已经成为市镇的重要职能，但是在封建社会统治下，作为末端的政治堡垒仍承担一定的政治职责，市镇的规划布局仍旧受到宗法礼制的影响。例如，无论是从哪一种模式发展而来，市镇中心位置仍旧以各种派出行政管理机构和主要家族的宗祠为核心。

中国古代主要经济活动依赖水路交通，河道对这些市镇的重要性不言而喻，但它们对河道的利用往往顺应自然，

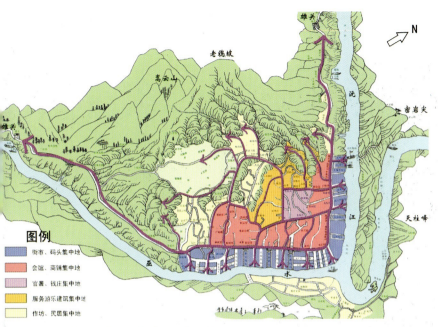

图1-14 洪江古镇山水环境与城市功能布局

合理改造，在满足生产生活需要的同时，形成很好的景观风貌，完全符合"天人合一"理念的自然生态观。

例1，洪江古镇（图1-14）。洪江古镇位于滇黔蜀水瓶口之地的湘西沅水与巫水交汇处，水运交通十分发达，由于其良好的地理位置，逐渐由军事驻防地发展为西南地区重要的商业巨镇。洪江古镇充分利用地理条件，依山傍水，城市布局顺应地形地貌，与自然和谐共处。虽然是商业城镇，布局自由活泼，但是巡检司、洪江驿等派出的管理机构仍居于中心位置，是传统礼制思想的一种体现。

例2，碛口古镇（图1-15、图1-16）。碛口古镇位于

图1-15 碛口古镇全貌

图1-16 碛口古镇地理环境与区位图

山西西部，湫水与黄河的交汇处，因上下五十里只有借道该处才能经过湫水河谷东去，因此成为水旱转运码头而逐步繁荣起来，商业影响范围非常之大。古镇以卧虎山为依托，分布在一条五里长街与十一条小巷中，和自然的山形、水势浑然一体。

2. 村落

"天人合一"理念是中国古代对自然与人之间关系的认识，强调人与自然界是互相联系、无法分割的，其思想来源之一就是农耕文明对自然环境的认知。村落作为农业社会最基本和原始的聚落类型，其选址与布局中的核心理念之一就是追求人居环境与自然山水的和谐共处，这正是"天人合一"哲学观点的朴素表现。正是由于这种理念的影响，中国很多村落选址巧妙，布局与自然环境紧密结合，形成了村落与自然环境有机相融的景观格局。当然在民间规划中，这种影响有时是通过风水术得以表达，这方面的实例不胜枚举。

例1，绩溪龙川村（图1-17、图1-18）。龙川的选址充分印证了"风水之说，徽人尤重之"的说法，选址在山谷内相对开阔的阳坡上，前有朝山、案山，后倚来龙山，水口处有两山夹峙，溪水环抱流过村前。其内部空间布局上，则突出强调宗祠在村落布局中的中心位置和在村落建筑群中的核心地位，反映了徽州村落宗族礼制维护社会关系的

图1-17 俯视龙川村

图1-18 从西北方向看龙川村、登源河和龙须山

纽带作用。

例2,黟县宏村(图1-19、图1-20)。宏村的村落形态与当时徽州人强烈的风水理念有着紧密关系。宏村先祖

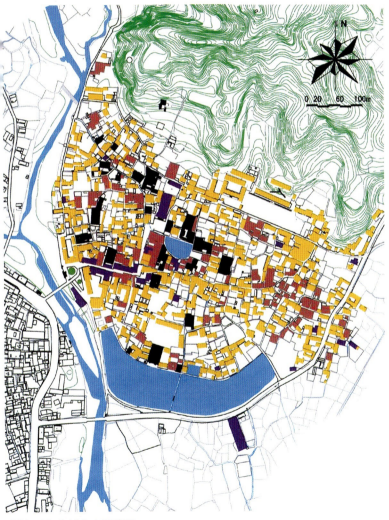

图1-19 宏村山水环境图

图 1-20 宏村月沼

在雷岗山脚定居,将村落水口定在了吉阳山下西溪的蜿蜒之处,形成了"北枕雷岗、三面环水、南屏吉阳山"的风水宝地。同时,引西溪以凿圳绕村屋,其长川沟形九曲,掘月沼、挖水圳、修南湖,满足防火、生活和景观的三重需求。其选址和规划是自然环境利用和改造的典范。

(三)传统文化理念对宗教胜地的影响

中国传统宗教的脱身世俗、隐居修心的追求和理念极大地拓展了古代城市规划的人居环境观,这一点往往没有引起人们的重视。与西方宗教不同,中国传统宗教均有脱离现实社会、回归自然进行修身养性的追求,正是在这理念的影响下,人们开始在喧嚣的市井之外寻求一个适宜的隐修场所,密林山川之中开始出现寺庙、道观。由于受传统宗教文化的内敛性以及各自宗教教义的影响,如道教的自然生态观等,这些宗教建筑往往能够巧妙借助山形地势,因地制宜、灵活布局、融寺于山、隐观入林,与自然融为一体,以最小的破坏为代价创造出人文景观与自然景观和谐共存的局面。这种规划和建设思路丰富了人居环境概念,在城市、村落类型之外,创造出在自然景观丰富地区合理建造人居环境的可行模式。

需要指出的是,宗教文化(无论佛教还是道教)在得到帝王信奉后,不可避免与主导社会的儒教文化开始交流、融合,例如宗教建筑群的内部规划布局也可以看出来自宗法礼制的影响。此外由于城市内部和周边开展了大量宗教建筑的实践活动,影响到城市布局,也对古代城市规划理论和方法产生一定程度的影响,如古代很多城市已经自觉不自觉地开始将宗教建筑的选址、建设与城市自然风景资源利用、公共活动的组织结合起来,不仅在当时对丰富城市景观、创造公共空间具有积极意义,即使在今天这些宗教场所仍旧作为代表性的城市景观和具有活力的公共空间被后人所享用。

例1,武当山(道教)(图1-21、图1-22)。武当山地形复杂,建筑选址受环境与风水的制约有较强的主观意识。

图1-21 武当之巅

一、中国传统文化理念对城市规划的影响

同时，受道家老庄思想的影响，建筑布局突出结合自然环境而设计，每个局部形成的空间节奏感，都服从于全山所形成的整体韵律，既丰富多变又有很强的统一性。特别是单体建筑追求与环境相协调，既有鲜明的区域特点又呈现出不同的风格和形式。

例2，齐云山（道教）（图1-23、图1-24）。齐云山道教建筑巧妙借助山形地势，因地制宜，整个建筑群与自然融为一体，充分体现了道教人与自然和谐相处、顺其自然的思想。建筑布局以藏为主，体量较小，并借助地形、地势和植被的遮挡来造成曲径通幽的感觉，在充分展示自然美景的同

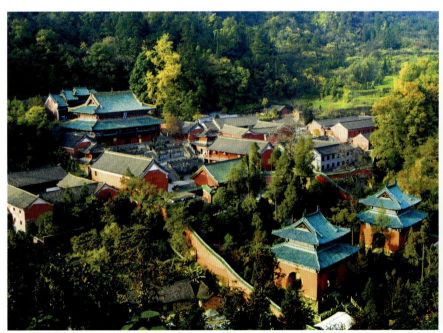

图1-22 武当山紫霄宫

一、中国传统文化理念对城市规划的影响

图1-23 齐云山玉虚宫

图1-24 齐云山太素宫

时,巧妙借助自然的瑰丽神奇来强化宗教的神圣感,达到了自然与宗教的相互强化。

例3,峨眉山(佛教)(图1-25、图1-26)。峨眉山

图1-25 峨眉山洪椿坪

一、中国传统文化理念对城市规划的影响

图1-26 峨眉山虎浴桥

寺庙建筑与雄伟旖旎的山水景色融为一体，是丰富瑰丽的人文景观与得天独厚的自然景观的有机结合。其梵宇宫殿、庭阁桥廊，或隐于密林处，或立于翠峰之巅，或建于幽壑之上，或依于危崖之畔，飞角重檐、依山取势、不拘一格。

例4，北宋东京城汴梁（图1-27、图1-28 表1-1）。北宋年间，道教和佛教文化并存发展，东京城内分布有大量的宫观庙宇，这些宗教建筑除了其宗教功能外，还承担了大量的城市公共空间职能，使都城的城市空间和布局表现出不同以往的特征。

29

图1-27 北宋东京示意图

图1-28 清明上河图(部分)

北宋东京城内部分宗教建筑一览表　　　　表1—1

类型	名　称
庙	三尸庙、单将军庙、泰山庙、祆庙、白眉神庙等十六座。
宫	九成宫、上清宝箓宫、天清宫、五王宫、遥花宫等十六座。
观	醴泉观、四圣观、延真观、五岳观、建隆观等八座。其余庙宇宫观特别多，仅知其名而找不到具体位置。
寺	法云寺、大相国寺、上方寺、开宝寺、繁台寺、地踊佛寺、太平兴国寺、显宁寺等十五座。
院	观音院、兴德院、福田院、三学院、定力院、茆山下院等十座。

总起来讲，中华五千年的文明博大精深，在长期的农耕文明中，中国人形成了以生命为中心的宇宙观，认为整个宇宙是充满生命的，没有任何孤立的物质。这些有机主义的理论和思想在西方直到完成近代科学革命后才得以出现。中国文化形成了有关人与自然和谐统一的高度智慧，这些精髓完美体现在"天人合一"的表述中间，成为中国古代城市规划最为核心的理念。我们单从古人营造人居环境的理念方面就可以深知传统文化对中国古代城市建设和发展的影响力。然而随着中国社会进入封建社会晚期，国力衰弱，西方文明的侵入从客观上改变着中国传统文化的地位，近代和现代城市规划的理念由此也发生了巨大的变化。

二、20世纪中叶前外来文化理念对中国城市规划的影响

近代城市规划的产生,根本上是由于工业革命的产生。18世纪的工业革命在带来生产力飞速发展的同时,资本主义方式扩展到全球。伴随着资本主义的殖民扩张和全球性的商品贸易,亚非拉地区被卷入到工业文明的潮流中,中国也不例外。鸦片战争以后,中国进入了半封建半殖民地的历史时期。城市既是帝国主义侵略中国和输入外国资本的据点,也是中西方文化思想强烈交融、碰撞的场所。随着列强的殖民侵略和洋务运动"中学为体,西学为用"实践热潮的掀起,中国的社会结构、思想观念和城市形态都发生了巨大变化。帝国主义对殖民地城市的规划和建设产生了中国近代最早的城市规划。西方的城市规划理念在中国也经历从最初的直接移植到后来本土化的逐渐融合,对中国近现代的城市发展产生了重要影响。回顾近代中国城市规划发展,来自西方文化的影响主要有以下几个方面。

(一) 国外现代规划理念的影响

现代城市规划思想源于工业革命造成的城市问题。

工业革命后资本主义的生产方式使社会结构出现了巨大变化,工业发展和城市人口迅速增加造成许多"城市病",为了解决这些问题,空想社会主义和田园城市理念诞生;19世纪末至20世纪人们开始对城市功能、空间结构进行研究,产生了带形城市、城市集中主义、卫星城、绿地与公园系统、邻里单位、功能分区等理念,并在不断的实践中又诞生新的理念,逐步形成了城市规划理论体系,产生了现代城市规划著名的《雅典宪章》。

1. 早期城市规划理念

19世纪以后,欧美国家相继出现了城市人口剧增、住房紧缺、市政设施及环境卫生状况恶化的局面,在空想社会主义思想影响下,人们建设了一些城乡结合的新型社区。由于脱离当时的社会、经济等条件,这些尝试都以失败告终。同时,有关带形城市理论和工业城市的概念产生,这代表着人们正在探索理想城市的模式,其中最有代表性的当属1898年霍华德提出的"田园城市"理论。他提出了集城市和乡村优点为一体的城市规划理念,成为现代城市规划实践中最为精辟、影响最为持久的思想。

2. 城市规划立法工作

19世纪中后期,随着工人住房问题严重性的加剧以及城市卫生条件的恶化,一些相关的卫生和住房法律颁布,成为现代城市规划立法的雏形。20世纪初,欧美一些国家开始认识到城市规划是政府管理城市物质环境的一项重要职能。1909年,英国通过了世界上第一部规划法——《城市规划与住房法》。1916年美国纽约颁布了《区划法》。这些立法实践标志着城市规划管理走向法制化和制度化。

3. 20世纪初期规划理念和《雅典宪章》

19世纪末20世纪初,西方资本主义国家对城市功能和空间结构进行了大量深入研究。例如,在城市形态方面,19世纪末S·Y·马塔提出"带形城市"理论,打破传统城市"块状"形态的固有模式;1918年沙里宁提出有机疏散理论;1922年柯布西耶提出"城市集中主义"理念等。在城市内部结构方面,20世纪初法国人戛涅尔的"工业城市"设想,第一次提出了土地功能分区的概念;美国人斯泰恩的雷德伯恩大街坊设计中"人车分流"理念和佩里的邻里单位理念,被各国普遍接受并发展;苏格兰交警屈普的"划区"理念,提出将道路与土地规划一起考虑,建立分级的道路系统,用以解决交通拥堵和功能混乱的道路网。

1933年,在总结了20世纪以来的规划思想和理论的基础上,《雅典宪章》诞生。《雅典宪章》指出:城市规划要解决好居住、工作、游憩、交通四大活动,应按照居住、工作、游憩进行分区及平衡,并用交通网进行联系;城市和乡村都是构成一定区域的组成要素,在进行城市总体规划时要有区域规划的依据;同时指出了保存好具有历史意义的建筑和地区是十分重要的;要以国家法律的形式保证规划的实现等。《雅典宪章》的许多理念和方法,至今仍有重要影响。

第二次世界大战之后,各国的恢复工作飞速进行,重建工作与长远规划的矛盾凸现。1944年大伦敦规划为各国控制城市人口和规模、探索大城市较理想的规划结构、完善交通、改善环境等提供了有益经验。

(二)经济、政治、文化带来的影响

1. 早期西方文明的侵入

西方城市规划思想最早是通过19世纪中后期至20世纪早期直接在中国的租界进行殖民地建设而进入中国的。1845年上海出现了中国第一个租界至1902年奥匈帝国设立天津租界[①],各国列强通过不平等条约在中国多个城市建立租界,如上海、天津、汉口等;有的是以租借地形式侵占的中国领土,如青岛、大连;还有一种类型是在外来的经

---

①.租界有明确的地域四至,区域内的外国居留民行使独立完善的行政司法体系。租界最主要的特点是内部自治管理,并不由租借国派遣总督,而是成立市政管理机构——工部局,兼有西方城市议会和市政厅的双重职能。与租界所实行的工部局自治的管理形式不同,租借期内租国在租借地内拥有并行使排它的主权,因此租借地具有殖民地性质。

济掠夺过程中促成了城市的产生和发展，和租界、租界地还有些不同，例如哈尔滨，在1896年签订"中俄密约"后，清政府同意俄国在中国修筑东省铁路（后称中东铁路），铁路中心管理机构所在地后来逐步发展成为城市。

这些租界和租借地的规划大多直接将西方规划模式移植过来以彰显其母国的城市特色，同时也有对近代规划理念和方法的运用。对于被多国租界占据的租界区，很难形成统一的规划布局，主要通过建筑形态来体现各殖民国家的特色，在布局上采取方格网加尽端式布局的路网格局，常以高大建筑作对景，注重建筑立面和细部装饰；而那些整个作为租界的新兴城市则经过殖民者的统一规划，城市平面布局上往往带有更明显和更完整的古典形式主义色彩。

例1，上海租界（图2-1、图2-2、图2-3）。上海在

图2-1 20世纪初的上海租界

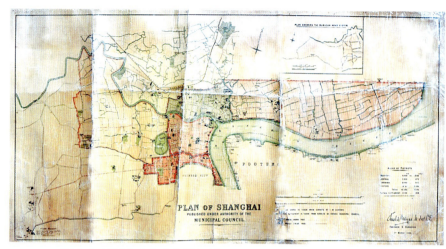

图2-2 1908年上海市租界规划图

图2-3 1923年上海市租界规划图

第一次鸦片战争之后成为5个通商口岸之一,并在1845年中英就上海租界问题订立的《地皮章程》中,划定了中国

图2-4 汉口租界用地分区图

第一块"租界"。之后帝国主义列强陆续来到上海建立租界,英美公共租界和法租界占据了上海老城外的大片土地,形成华洋分治的局面。上海租界内大量历史建筑保留至今,堪称近现代城市和建筑的博览会。

例2,汉口租界(图2-4)。1861年,英国人专门为汉口英租界作了规划图。它毗邻老城区,规划时考虑了与老城区的关系道路走向与老城区原有道路平行。1895~1899年建立的各国租界,道路均采用方格网加尽端式,建筑外观具有各国建筑特色。

例3,德占时期的青岛(图2-5)。德占时期的青岛规划充分运用西方的近现代城市规划理论,局部地段运用了古典主义设计手法。1900年《青岛城市规划》采用整体自由式布局与方格网式相结合的路网结构,将港口、铁路及商业区放在重要的位置,在胶州湾内修建港口,沿胶州湾东岸、城市西边缘修筑通往山东腹地的铁路,使青岛拥有广阔的腹地,形成青岛的区位优势;在空间形态上,通过设计中轴线式的市政绿化广场和对称的放射性道路突出了总督府的威严，具有欧洲古典主义城市规划特点。该规划充分发挥区位优势，合理调配和利用自然资源，整个规划避免穿过丘陵及山林，既保护自然环境又节约了城市建设资金。青岛规划没有一味追求形式，而是尊重自然、因地制宜地进行城市功能分配，同时，规划已经具有区域和公共政策的观念，是

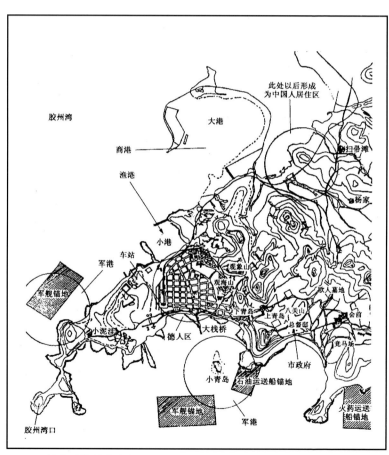

图 2-5 德占时期的青岛规划总图

这类城市规划中一个优秀案例。

例4，早期哈尔滨（图2-6）。哈尔滨是由于中东铁路建设而由帝俄侵略势力规划建设起来的，帝俄在南岗地区规划建设了新城区，形成最初的市区。南岗的新城区按照帝俄当时流行的规划方法，布置了大型圆形广场和放射性干道，周围安排大型建筑，体现出强烈的西方古典设计手

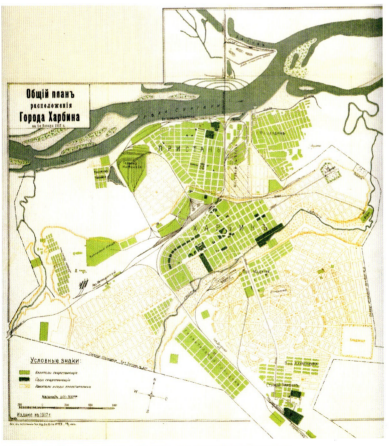

图2-6 1917年哈尔滨城市规划图（中东铁路管理局编制）

法，形成早期哈尔滨的城市风貌。

2. 早期民族实业救国

从19世纪60年代至90年代，洋务运动由军工到民用，由文化到教育，从多个方面引进了西方近代文明。其后，一批仁人志士也开始了实业救国的艰苦历程。在早期民族实业救国的过程中，中国开始了自己的城市规划探索。

例1，1895～1926年，南通实业家张謇在发展实业的过程中，通过项目的选址布局，重新构建了南通的城市格

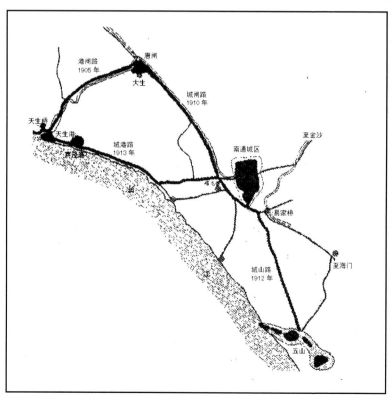

图2-7 南通"一城三镇"城市结构

局,形成了以老城为中心,工业区、港口区、风景区统筹部署的"一城三镇"格局,如图2-7、图2-8所示。南通规划在功能布局和环境塑造上体现了"中学为体,西学为用"的思想,利用西方先进的工业和管理技术,探索以中国传统儒家学术体系为基础的中国近代城市规划学术体系,南通因此被吴良镛先生誉为"中国近代第一城"。

图2-8 南通老城濠河风景区

例2,1900年,武昌商场局效仿汉口租界的格局,规划了一张武昌商埠全图,采用规整的方格网道路,并将土地分成五等列号出售,是近代功能主义的初步体现如图2-9所示。1912年,汉口建筑筹备处又效仿巴黎、伦敦对

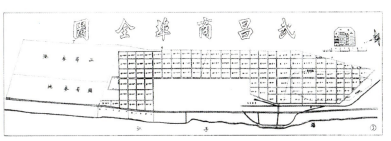

图2-9 武昌商埠全图(武昌商场局编制)

图2-10 汉口全镇街道图（汉口建筑筹备处编制）

汉口全镇进行了规划，道路网形式、道路断面设计、中央大公园和建筑限高等手法都是效仿西方的做法，如图2-10所示。

3. 外族侵略占领

1931年"九一八"事变后，日本侵占中国东北及华北部分地区，建立了伪满洲国，开始在这些伪满洲城市和抗战沦陷区大量进行城市规划试验。日本不像英、法、俄等列强热衷于通过建筑和都市形象来推销他们的文化和传统，而是将城市作为他们学习和尝试西方各种规划思想的试验场，为其后的本土城市建设提供经验。

例1，日本1932年编制的《大新京都市计划》（图2-11）在布局手法、交通组织、绿化、市政设施等方面借鉴了19世纪巴黎的改造规划模式（西方古典主义）和霍华德的田园城市理论。"新京"规划的特点是圆形广场加放射性路网，注重几何构图，绿地穿插于城区之间，同时还运用

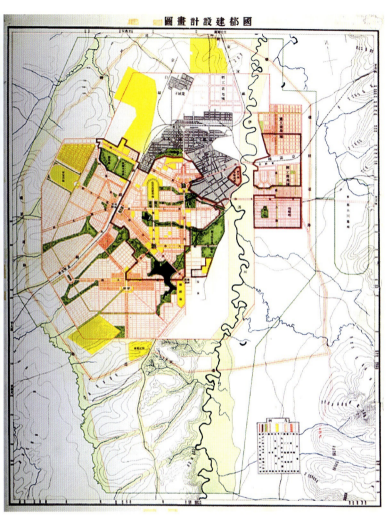

图2-11 1932年伪满"新京"规划

了中国传统的方格网的路网。

例2,日本占据时期最特别的一个规划是大同的城市规划。1938年,日本编制了"大同都市计画"(图2-12、图2-13),在这个规划里日本规划师充分运用了当时流行

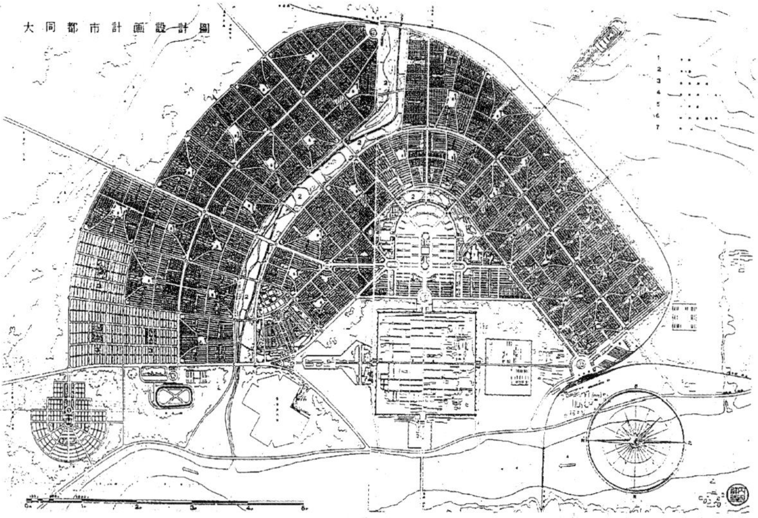

图 2-12 1938 年大同都市计画图

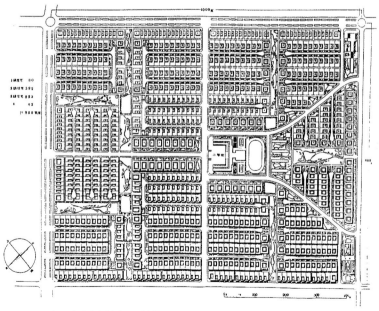

图 2-13 大同规划中的邻里单位

的规划理念:卫星城理论、邻里单位理论、田园城市理论和旧城保护理念。大同规划保留旧城并在其外围新建2个卫星城,卫星城与旧城之间用绿带和交通干道相连;可以容纳18万人的整个城市平面布局由可以无限重复的相似矩形单元组成,每个单元为一个邻里单位,由尽端路与中央花园的绿化散步道相连。

4. 西方规划理论技术与民族主义的结合

从20世纪20年代至第二次世界大战之后,是西方现代城市规划步入成熟、各种理论和实践百花齐放的时代,许多著名的理论如有机疏散、邻里单位、卫星城理论等形成于这一时期。同时期,国民政府借助西方建筑和规划的思想和技术,开始探索中国城市建设和市政管理的模式,逐渐从被动的接受西方文化到主动学习、融会贯通并用于解决本国的实际问题。此阶段的城市规划实践已经表现出与西方规划理念几乎同步的特点。

例1,1928年国民政府在《大上海都市计划》中提出将市中心移至旧城区东北部的"江湾新市区",并按照西方近代城市功能分区的手法配置了商业区、居住区和工业区。在第一期建设中,形成了以五角场环岛为中心的环形放射性道路格局,周围是一些大体量的公共建筑,具有明显的西方古典主义特点,如图2-14所示。

例2,1929年的《武汉特别市之设计方针》(图2-15、图2-16)中将土地利用分为:工业区、商业区、住宅区

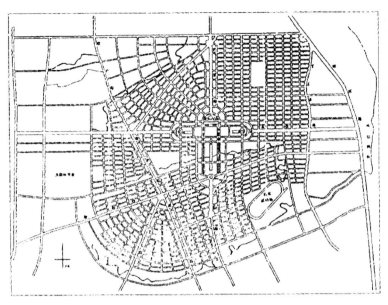

图 2-14 1928~1935 年上海江湾中心区规划图

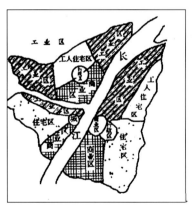 

图 2-15 1929 年武汉特别市分区图　　图 2-16 1929 年武汉特别市公园系统图

（分工人住宅区与商人住宅区）、行政区，同时还专门规划了供游玩休憩用的公园系统。这种功能分区的依据是：原有现实、今后趋势、交通关系、地形关系、风向关系、经济关系等,并注意给水排水、烟尘排放、噪声干扰及危险物储藏等。很明显,武汉的功能分区遵循的是理性主义的近代功能主义分区原则。

例3,1935年《青岛市施行都市计划案》(图2-17)将

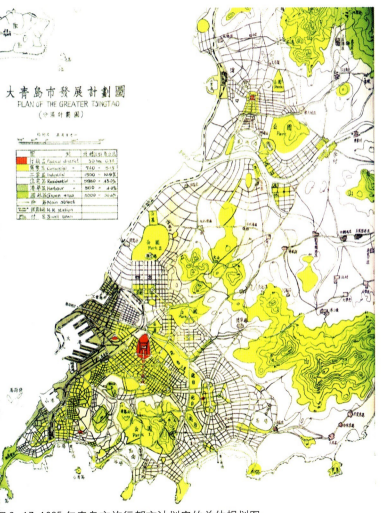

图2-17 1935年青岛市施行都市计划案的总体规划图

城市用地分为港埠区、工业区、商业区、住宅区、行政区和园林区等六大类,并仿效美国的分区规划,划分功能分区和规定控制性内容。

例4,1943年昆明市工务局拟报《昆明市建设计划纲要》(图2-18),1948年通过提案。纲要将市区分为八个功

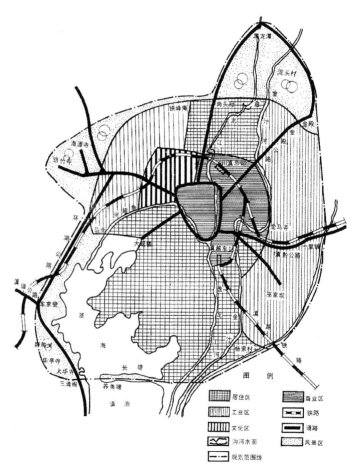

图2-18 1943年《昆明市建设计划纲要》

能区，提出蛛网和棋盘相结合的道路形式，但由于已近民国末期，未能最终完成计划的编制。

例5，上海。为解决上海的居住问题，1946～1949年国民政府制定了三稿上海都市计划（图2-19），规划中充分运用有机疏散、卫星城、邻里单位、快速干道等理念，将人口

图2-19 1949年上海市都市计划三稿

和工业向郊区疏散,以起到疏散人口、减轻拥挤状况的作用。

5. 前苏联的规划理念

苏联规划模式是经过苏联计划经济改造的西方现代功能主义模式。它将城市规划作为国民经济计划的继续和具体化,重视长远规划和区域关系,按照计划经济的原则和建设项目的地域分布,构成了人口、城镇和交通运输系统布局,同时,国家制定了一套严格而又具体的规划建设指标来分配和布局土地、安排公共设施。"一五"期间,中国在苏联的经济、技术的帮助下,按计划新建、改建、扩建了一批有国家重点工业项目(156项)的大中城市。城市规划受前苏联设计手法影响,城市总图讲究构图和城市建筑艺术,常常设置众多广场,强调对称式的轴线干道,这些具体手法在许多城市中都有所体现。同时初步完成了城市规划教育体系和各个行政级别上的组织体系的建立,并基本套用了苏联的技术和指标体系,积累了许多经验,对后来中国的规划理念和体制产生深刻的影响。

例1,包头是国家"一五"期间发展起来的新兴工业城市,其规划是学习当时的苏联经验并在苏联专家指导下编制的,如图2-20所示。包头首先确定钢厂的位置在离矿山资源最近、地质条件较好的河西台地上;在昆都仑河以东设置生活、管理区,昆都仑区的东侧建设地方性工业区——青山区,道路网与昆都仑区路网有一个角度,中间设

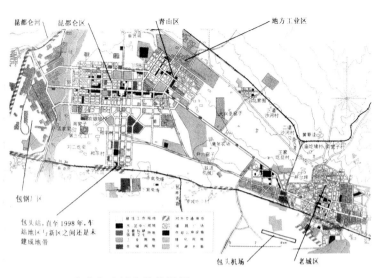

图 2-20 1950 年代包头城市总体规划

圆形广场和林带与生活区相隔。昆都仑区与青山区共同组成新区,运用中轴线与南面火车站形成对景,中轴线上布置了若干广场。老城区位于新区东南 12 公里,与新区之间有绿化带和道路连接。老城、新区、钢铁工业区形成了包头"一城三点"的城市格局。

例 2,西安是"一五"期间发展的工业城市。20 世纪 50 年代,西安总体规划在进行总体布局、功能分区时避开周、秦、汉、唐四大遗址区,以明城为中心向东、西、南三个方向发展,明城之内规划为行政商业区,南郊为文教区,东郊、西郊布置工业区(均在唐长安城之外),奠定了西安"一城两翼"的城市总体格局,如图 2-21 所示。西安在 20 世纪 50

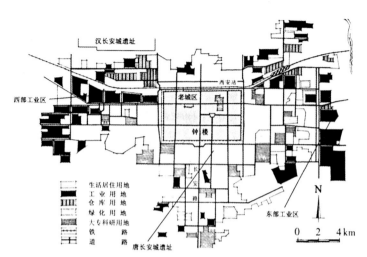

图2-21 20世纪50年代西安总体规划示意图

年代对历史文化遗产保护的认识可以说是超前的,直到20世纪60年代末70年代初,对古建筑和城市遗产的保护才逐渐成为世界性潮流。

综上所述,外来的规划理念中最为宝贵的在于四个方面的理念:

一是科学理性理念。这是整个现代社会的基础,合理性和科学精神始终贯穿于我国城市规划的实践和教育之中。

二是整体综合理念。我国城市规划强调城市整体利益,强调城乡统筹、区域统筹、可持续发展都是这一理念的体现。

三是公共利益理念。我国城市规划实践中逐渐关注社会公平和公众参与，体现了城市规划的公共政策属性。

四是法律和制度的理念。城市规划作为行使城市日常管理、解决诸多复杂城市问题和社会矛盾的政府行为，必须通过法律手段和制度予以保障。

这四方面的理念深刻影响了中国城市规划的实践活动，具体体现在规划的理论、技术、管理、教育等各个方面。正是在科学理性、整体综合的理念支持下，中国的城市规划的理论和技术基础才逐步奠定，成为我们解决中国现代化进程中城市和乡村规划建设诸多问题的重要工具。尤其关键的是国外规划的理念直接影响到中国城市规划制度的改革和法制的建设。我们将努力促使城市规划编制和实施管理从人治走向法制。

三、进入21世纪以来的新进展与当前任务

进入21世纪以来,我国城乡规划工作全面贯彻落实党中央、国务院的要求,城乡规划改革不断深化,在各个方面都取得了重要的进展。我们应当正确估价城市规划编制工作已取得的进展仅仅是新的好的开端,距离城乡规划是公共政策的基本属性的要求还有很大距离。目前我国经济增长主要靠增加投入、扩大投资规模,资源环境的代价大,还存在着"高投入、高消耗、高排放、不协调、难循环、低效率"等问题,与世界先进水平相比,单位产出的能耗和资源消耗水平明显偏高,并带来高排放和高污染;产业结构、城乡结构、地区结构、重大生产力布局等都存在不合理的问题,有些方面还比较突出,严重制约着经济的增长和总体效益的提高。我们要改变不顾资源短缺环境恶化的现实而盲目发展的状况,通过法定程序,要努力防止不符合科学发展、可持续发展原则的规划合法化。

(一) 20世纪后50年的初步回顾

自建国至今,中国城市规划在几个重要的发展阶段中,与社会发展的脉搏同步,从规划理论建设到规划管理

体制，都经历了复杂的演化过程。

1. 建国初期的发展

建国伊始，百业待兴，这一时期的城市规划工作具有开创意义。老一辈规划师在西方理论基础上结合当时国情，建立起我国的城市规划工作体制，为城市规划事业后来的发展奠定了理论与工作基础。

从规划理念角度看，这一时期主要还是通过对外交流，继续吸纳和借鉴西方规划理念发展的最新成果。例如，1950年代后，西方城市化加速后的城市群发展和郊区化现象；1950年代至1960年代，欧洲的新城建设、历史保护的广泛开展；1950年代现代主义在印度首都昌迪迦尔、巴西首都巴西利亚的规划实践；1960年后，大城市连绵区出现引发的区域规划和国土规划的探索等。这些西方现代规划的进展和实践均进入了中国规划师的视野，并经过思考、辨别和反思，得到了选择性地引入和借鉴。需要强调的是，这一时期的中国的城市规划受到经过前苏联计划经济改造后的西方现代功能主义的影响更多。

从规划实践角度看，由于该时期特殊的时代背景，城市规划在这一阶段的主要现实任务是落实国家计划，注重建设项目的安排，恢复和发展国民经济。"一五"期间，结合156项重点工程建设，开始了建国后第一次全国性的城市规划实践。这一时期的城市规划着重按照计划经济的指标模式对建设项目进行落实和空间分配,首要考虑因素是工业布局,其次是城市平面布局,大量运用形式主义的构图手法,这一时期建设起了一大批具有现代工业城市特点的城市,其中包括三个主要类型:1)在老城区基础上发展起来的,有保定、兰州、哈尔滨等;2)依托老城区开辟新区的,有洛阳、包头等;3)平地而起的新城市,有茂名、攀枝花等。

例1,洛阳(图3-1)。洛阳是我国著名古都,又是"一五"期间重点建设的新型工业城市。洛阳选择了脱开旧城建新城的发展模式,很好地解决了保护遗址与发展工业的矛盾,在规划界被誉为"洛阳模式",并在后来的历史文化

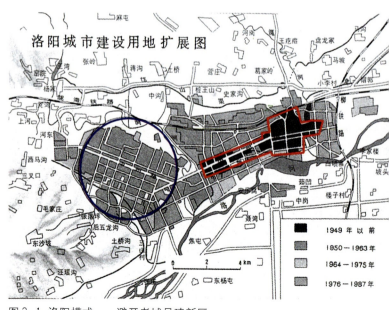

图3-1 洛阳模式——避开老城另建新区

名城保护工作中得到广泛借鉴。除洛阳外,历史古都西安的"一五"总体规划在处理保护与发展的矛盾方面也作出了有益的探索。

例2,兰州(图3-2)。作为"一五"期间重点规划建设的新型工业城市,兰州的总体规划充分利用地形地貌特征,规划城市沿黄河向西呈带形发展,形成七里河、西固、安宁老城、雁滩四个组团,在规划布局及手法上进行成功的探索,丰富了我国城市规划理论和实践,其带形城市规划建设经验至今对许多城市发展仍具有指导意义。

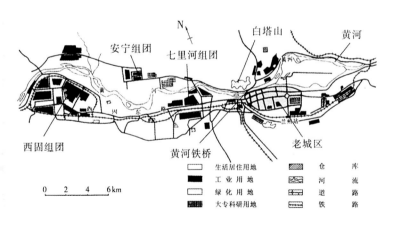

图3-2 兰州"一五"期间规划

例3,保定(图3-3)。保定是我国历史文化名城,"一五"期间重点建设的新型工业城市。1956年开始,曾多次编制城市规划,包括1957年建设部萨里舍夫专家方案、

图3-3 保定"一五"期间规划

1958年清华大学吴良镛方案等,落实了80余个大中型工业企业的选址,包括冶金、机械电机、化学、建筑材料、纺织、造纸等,奠定了保定市的现代工业基础。

例4,茂名(图3-4)。茂名是我国"一五"时期平地建起的一座石油化工城市,是作为油页岩基地建设和露天矿、炼油厂、热电厂这三个苏联援建项目的生活配套建设发展起来的城市。1950年代的城市总体规划是由我国城市规划工作者在学习苏联规划经验的基础上结合实际情况编制的。城市北部为矿区,南部为铁路,西部为炼油厂且有

图3-4 茂名"一五"期间规划

小东江阻隔。规划以强调城市集中为指导思想，近期沿小东江两岸发展成带形城市，方便生活生产之间的联系，远期再向东发展。规划对于合理布置工业生产力，促进工业和城镇建设等起到了积极的作用，并积累了理论与实践的经验。在规划指导下，一座新城拔地而起。

随着改革开放后城市经济社会的快速发展，茂名市在1980年代、1990年代到进入21世纪后又陆续编制了几轮规划（图3-5、图3-6），城市在科学、延续的规划指导下由渐进地向东到开发南部滨海区，不断向东部、南部拓展。

图3-5 茂名1987年总体规划

根据最新一轮规划,茂名将形成由三条生态绿带划分的一主两次三大组团,围绕两条南北向轴线构建"东居西工、协调发展"的带状组团式空间结构。茂名的城市规划实践很好地体现了我国工业化进程中城市从无到有,从简单到复杂,从服务工业建设到完善城市功能,统筹发展的演进历程。

2. 改革开放初期的发展

随着改革开放,中国社会开始发生翻天覆地的变化,城市规划经过长时期的停滞之后,在这一时期开始复苏,进入一个全新的发展阶段。

从规划理念角度看,改革开放后,对外交流逐步恢复,通

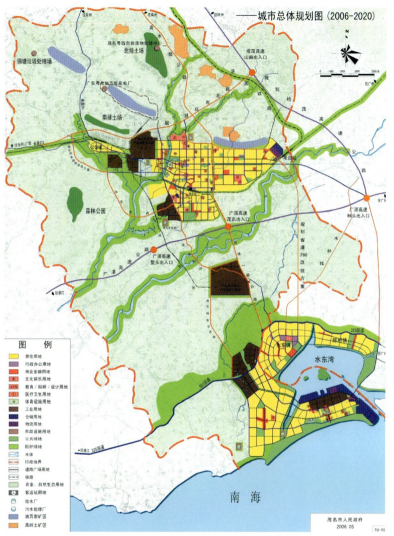

图 3-6 茂名城市总体规划图（2006-2020）

过重新学习西方先进技术和经验，结合中国特殊国情，探索适应中国发展的道路成为社会共识。这一时期对中国规划理念影响较大的是20世纪中后期西方规划思想，尤其是1977年形成的

《马丘比丘宪章》。在《雅典宪章》的基础上发展完善而来的《马丘比丘宪章》对城市有机性、综合性、公共交通、历史保护提出新的理解，在规划的动态性、手段、属性、公众参与等领域提出新的看法，这些都对处在社会转型期的中国城市规划产生了深远影响。在学习西方先进理论经验的同时，这一时期城市规划界对前一阶段的工作进行了反思，重新认识到规划在国民经济发展和城市建设中的重要价值，认识到法制建设对城市规划长久发展的意义。于1984年颁布的《城市规划条例》是新中国成立后城市规划专业领域的第一部基本法规，标志着城市规划步入法制管理轨道，城市规划逐步成为一个独立学科和工作体系。

从规划实践角度看，1984年商品经济体制的改革和1986年土地制度有偿使用的出台，促使这一时期城市规划实践的蓬勃开展，城市规划在指导城市建设和发展方面的价值逐步得到广泛认同。1984年到1986年前后，各地总体规划陆续开始编制，到1988年底全国所有城市和县城完成了总体规划的编制和审批。虽然从总体上看，当时的城市规划体制尚不完善，类型比较单一，但是城市规划实践的探索和创新逐步出现，在新城建设、城乡一体等多个领域均出现了成功的实例，此外部分城市开始控制性详细规划和分区规划尝试，为20世纪90年代规划的全面发展奠定了良好基础。这一时期比较有代表性的城市有唐山、深圳、南京、重庆、合肥等。

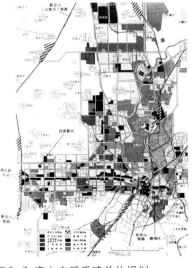
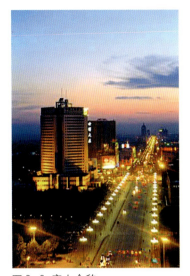

图 3-7 唐山灾后重建总体规划　　图 3-8 唐山今貌

例1，唐山（图3-7、图3-8）。作为我国近代新兴工矿城市，唐山在1976年大地震后，进行了全面灾后重建，该市的建设活动某种程度上可以看作是特殊类型的新城建设。在新编制的总体规划中，对原有城市布局进行了重大调整，放弃路南区，市区向西发展，新建市中心、车站和煤矿新区，但坚持了分散组团式的布局模式。经过新的规划，唐山的发展空间得以拓展，城市绿地大大增加，生态环境得以全面提升。同时，该规划的实施为在我国地质灾害多发区进行规划实践提供了丰富经验。

例2，深圳（图3-9、图3-10）。深圳是改革开放政策下确定的首个开放城市和国家经济特区，是改革开放后第一座完全新建的特大城市。深圳的快速崛起不仅在经济发

展、制度建设等方面为全国的发展作出了具有开拓性的探索，同时在城市规划的很多方面提供了示范作用。1985年

图3-9 深圳经济特区总体规划（1985~2000）

图3-10 深圳城市风貌　　　　　　　　　　　　（韦红新　摄）

编制的深圳经济特区总体规划确定的分散式组团城市结构以及区域城镇网络结构布局,不仅为城市发展提供了较好的生态环境,更为重要的是其弹性的发展模式确保了不同时期的发展需要,并保证城市环境没有随城市规模膨胀而急剧恶化,这也是深圳1996年获得联合国人居环境奖的最为重要的基础。此外,深圳的总体规划准确把握了国际分工和区域发展中的城市定位,使城市空间发展与城市经济发展得到较好的结合。

例3,南京(图3-11、图3-12)。南京早在1980年城市总体规划中,就运用了城乡整体发展的思路,提出了圈层发展的模式,空间布局采取"市—郊—城—乡—镇"的

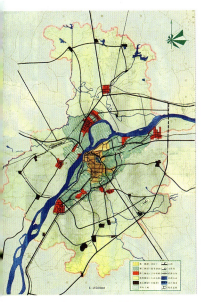

图3-11 1980年南京总体规划

图3-12 1990年南京总体规划

组合形式，以市区作为中心圈层，建立面向全市、大工业、农工贸三个层次的城市服务体系。在20世纪90年代城市总体规划中，延续城乡整体发展思路，引入区域发展的概念，提出了都市圈的模式，构建一个由主城与12个均衡布局的组团构造的"市域—都市圈—主城"三个层面的发展规划体系。

例4，重庆（图3-13）。20世纪80年代编制的总体规

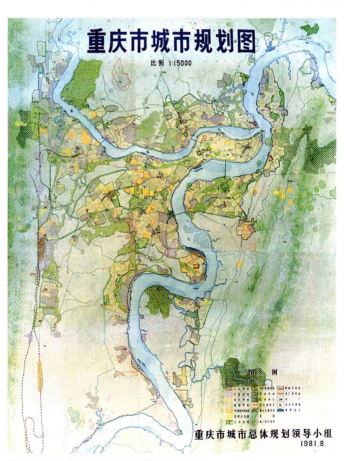

图3-13 重庆20世纪80年代总体规划

划延续了重庆建国初期规划的布局特色——适应特定环境的"大分散、小集中"的梅花点状布局。规划根据重庆特定的地形、历史和交通条件，采用有机疏散，分片集中的"多中心组团式"城市结构。母城（中心城区）划分为14个规划单元（片区），在各个片区内部实现劳动岗位、居住和公共服务设施的基本平衡，做到就近生产，就近生活，尽量减少大量跨片区交通流。各个片区之间以江面、绿地、农田、山林分隔，使绿地楔入城市，改善城市环境。各个片区内部尽量集中紧凑，便于公共设施和市政设施配套。从而奠定了适应本地特点，适应城市发展要求，具有重庆"山城"特色的良好城市空间格局。

例5，合肥（图3-14）。合肥是安徽省会，我国重要的

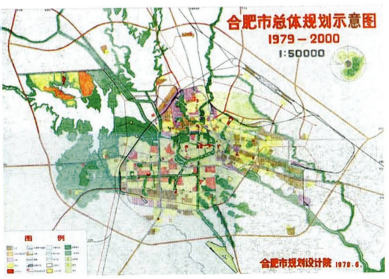

图3-14 合肥市总体规划（1979-2000）

科教基地和铁路交通枢纽城市之一。合肥1979年总体规划针对20世纪80年代初合肥城市发展空间不足的突出问题,在资源、环境、交通等条件综合评价的基础上,提出了适应新时期合肥城市发展的"以老城区为中心,向东、北、西南伸展"的三翼风扇状城市布局形态,合理地布置工业、仓储、公共服务设施等用地,梳理和建构对外交通体系,科学指导了这一时期的合肥城市发展。

3. 1990年前后的发展

1990年前后,随着社会主义市场经济体制的建立,国有土地使用权出让转让制度的实施,尤其是20世纪90年代后期,随着我国工业化、城镇化、市场化、国际化的不断深入,城市进入更加复杂的全面快速发展时期,城市规划的地位和作用更加突出。随着1989年《城市规划法》的出台,城市规划进入一个新的发展阶段。

从规划理念角度看,这一时期城市规划理念的最大变化主要来自国际上对可持续发展思想的共识。从20世纪50年代之后,环境问题日益突出,发生了一系列重大环境公害事件。例如,1940年代洛杉矶光化学烟雾事件、1952年伦敦烟雾事件、1950年代日本水俣病事件、1978年法国油轮泄漏事件、1986年前苏联切尔诺贝利核电站泄漏事件等等,这些重大环境公害事件引起人们的广泛关注。1972年西方"石油危机"的爆发令更多人意识到增长是有极限的。人们认识到如果把经济与社会环境割裂开来谋求发展,只能给地球和人类社会带来毁灭性的灾难。源于这种危机感,可持续发展的思想在20世纪80年代逐步形成。1987年在联合国大会上,《我们共同的未来》正式提出了"可持续发展"的概念和模式。1992年,联合国在巴西的里约热内卢举行了联合国环境与发展大会,通过了体现可持续发展思想的重要纲领——《里约宣言》和《21世纪议程》,这是前所未有的可持续发展全球行动计划。里约热内卢峰会标志着可持续发展已经逐步成为国际社会的共识,可以说对于全球每个国家的城市规划工作理念都产生了重大的影响。在中国,经过改革开放10多年的发展,一系列资源、环境问题的出现引发了人们对既有发展模式的反思。在国际、国内双重背景下,这一时期城市规划理念的关注点发生变化,逐渐走向全面和完善。此外,这一阶段在学习和反思西方规划理念对中国城市规划影响的同时,我们开始从更深的层次上重新认知中国传统文化,加强对我国传统规划理念中思想精髓的继承和吸收,注意把多种思潮的精华和价值汇聚起来,兼容并蓄,求新求变,应对社会变革中的新问题,努力发展具有中国特色,适应新时代要求的城市规划。

从规划实践角度看,随着1992年党的"十四大"提出了"加快改革开放的步伐,提前实现国民生产总值翻两番,基本实现小康"的发展目标,社会经济发展对城市规划要求不断提高，规划实践无论是数量还是内容都取得长足发展。在这一时期，为满足市场经济的需要，省域和市域城镇体系规划、城市总体规划、村镇规划、风景名胜区规划普遍开展。从内容上看，由于新区和开发区建设引发城市规模膨胀和功能拓展，城市规划在总体布局和城市新职能的空间布置等诸多方面均开展了有益的探索。此外，面对城市快速发展带来的一系列问题，城市规划在历史遗产保护等领域，在规划成果操作性等方面均进行了广泛尝试。值得一提的是，这一时期规划界开始在实践中广泛与社会科学相结合，积极运用新的科学技术成果（例如计算机、网络、遥感等新技术），城市规划理论和方法得到不断创新。

例1，北京（图3-15）。在新的发展背景下，北京在1990年后逐步认识到国际化带来的机遇，提出发展首都国际功能，在1992版的总体规划中提出建立中央商务区的建设思路，传统城市职能得以拓展，城市空间结构发生巨大变化。此外，为了应对城市快速发展给古都风貌的负面影响，北京一方面通过划定历史文化街区等方式保护现有历史遗存，一方面通过对中轴线、东西轴线进行规划设计延续历史文脉，在保护和传承方面均取得不菲的成绩。

例2，哈尔滨（图3-16）。20世纪90年代中期，哈尔滨城市发展与用地现状的矛盾十分突出，市政府经过综合

三、进入21世纪以来的新进展与当前任务

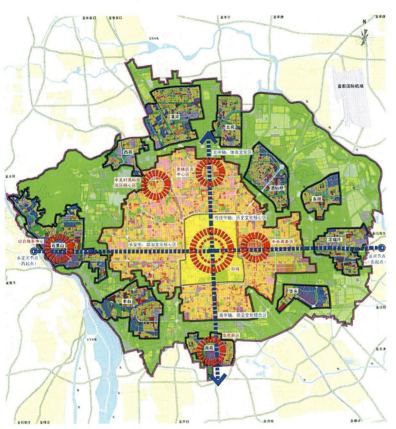

图 3-15 北京中心城功能结构（1992年总体规划）

比较决定开发松北地区。松北新区的开发对哈尔滨21世纪的发展具有十分重要的战略意义。1996年松北总体发展战略规划打破了以往总体规划的综合部署和用地布局的做法，从整个城市的范围对松北开发的优势、劣势及各种不确定影响因素做了大量而全面的分析，提出远景城市空间布局和适应不确定因素变化的多种对策，这种研究方法对以后的战略规划产生了较大影响。

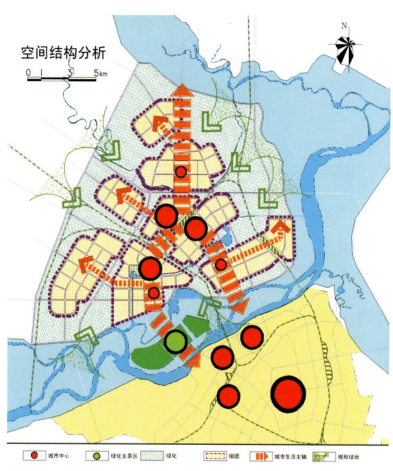

图 3-16 哈尔滨松北新区 2050 年用地框架规划图

例 3,苏州(图 3-17、图 3-18、图 3-19、图 3-20)。在 1983 年苏州第一版名城保护规划基础上,苏州这座江南名城在 1990 年的建设浪潮中通过合理的城市规划制定和实施,成功实现了发展与保护并举的建设目标。首先,其确定避开老城另建新区的发展思路,通过在总体规划中对城

三、进入21世纪以来的新进展与当前任务

图 3-17 苏州城市总体规划结构图 (1996~2010)

图 3-18 苏州历史文化名城保护规划图 (1996~2010)

图3-19 苏州水巷

市发展方向的审慎选择，从根本上保证了古城的完整性。其次，在实施层面，根据新旧不同，分别采取全面保护古城风貌和在新区继承和发展传统手法和艺术的策略，形成了独特的城市风貌，成为城市发展与历史保护双赢的典范。

图3-20 苏州古城内传统风貌

例4，深圳（图3-21）。1990年代，深圳虽然在总体层面主要是对1986版规划的完善和延续，但是在技术和操作层面仍率先进行了一系列的探索，保持了特区在城市规划体系改革方面创新发展的好传统。例如，深圳从1997年开始编制的法定图则具有开创性，其通过规划编制审批程序和技术内容的改革强化了城市规划在城市发展中的控制和引导作用。此外，深圳还利用特区政策优势，在法定规划体系之外，通过次区域规划等方式在规划体系和实施层面进行了诸多有益探索。

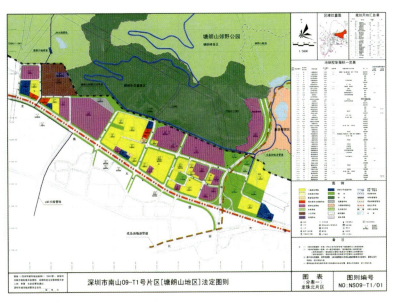

图3-21 深圳法定图则

(二) 进入21世纪以来的新进展

随着中国市场经济体制进一步完善,公共利益能否得到有效的维护已经成为在构建和谐社会的过程中对城乡规划工作的最大考验。规划的本质发生了重要变化,已经从根据资源和建设项目计划的实施制定城市规划,演变为统筹资源、环境和人口问题,在处理好经济发展与社会进步、建设发展与保护资源环境的关系上制定城乡规划。

1. 城乡规划工作定位更加准确

温家宝总理指出,"城乡规划是一项全局性、综合性、战略性很强的工作,涉及政治、经济、文化和社会生活等广泛领域。城乡规划是城乡建设和发展的蓝图,是管理城市和乡村建设的重要依据"。"城市规划搞得好不好,直接关系城市总体功能能否有效发挥,关系经济、社会、人口、资源、环境能否协调发展"。可以讲,城乡规划是调控各项资源(包括水资源、土地资源、能源等)、保护生态环境、维护社会公平、保障公共安全和公众利益的重要公共政策。这个定位将对我国城乡规划工作产生重大和深远的影响。

2. 法律体系框架初步建立

经过广泛、深入的论证,确定了城乡规划"一法四条例"的基本法律框架(表3-1)。一法是将现行的《城市规划法》修订为《城乡规划法》(已经十届人大常委会审议通

城乡规划基本法律框架表　　　表3-1

法律	相关法律	行政法规
城乡规划法（修订。已颁布实施）	文物保护法 环境影响评价法	村庄和集镇规划建设管理条例；历史文化名城和历史文化名镇名村保护条例（新设。送审稿已上报国务院）
		城市地下管线管理条例（新设。已列入国务院立法计划）
风景名胜区法（新设。近期先修订法规，远期上升为法律）		风景名胜区条例（修订。已颁布实施）
城市房地产管理法（修订。视《土地管理法》修订情况，同步修订）	土地管理法	国有土地上房屋征收与拆迁补偿条例（修订）

过，国家主席胡锦涛签署第74号主席令予以公布，并于2008年1月1日起施行），四条例是《历史文化名城和历史文化名镇名村保护条例》（已在网上征求意见，修改后报国务院审定颁布）、《风景名胜区条例》（国务院已颁布）、《村庄和集镇规划建设管理条例》（国务院已颁布）和《城市地下管线管理条例》（已列入国务院立法计划）。此外，还与土地管理法的修订同步，修订原《城市房屋拆迁管理条例》为《国有土地上房屋征收与拆迁补偿条例》。新的法律法规内容更加关注了规划实施的保障，强调了城镇体系规划实施的严肃性，强调了近期建设规划和控制性详细规划的管制作用，强调了规划的强制性内容。相关的立法工作也取得进展，通过部门规章，建立蓝线（城市地表水体）、绿线（城

市绿地)、紫线(历史文化街区和历史建筑)、黄线(城市基础设施用地)"四线"的制度,结合已有的红线(城市道路用地控制线),形成"五线"体系。

3. 城乡规划体系得到健全

2004年出台了新的《城市规划编制办法》,强调规划编制工作要坚持科学发展,注重以人为本和可持续发展,关注资源、环境问题,加强对水、土地资源和环境以及人口的动态研究,保障社会公正、公平,更加有效落实经济和社会发展目标等一系列原则。新的城乡规划体系分为五个层次,适应新的历史时期的新要求,关注重点开始转向公共政策。

第一层次,城镇体系规划。全国城镇体系规划已经进入审批阶段;组织完成了珠江三角洲城镇协调发展规划和长江三角洲、京津冀等一批跨省区城镇群规划的编制;省域城镇体系规划的制定工作已经基本完成;同时,在城市总体规划中更加强调了市域城镇体系规划。区域层面的规划突出了城乡统筹、区域统筹的发展要求。第二层次,城市总体规划。突出总体规划方法的革新及其公共政策属性,并且有了很好的实践,北京、上海、天津、重庆等城市的总体规划已经得到国务院批准,城市总体规划的编制进入了一个新的历史阶段。第三层次,镇规划。镇规划是为了更好地解决新时期中国的工业化、城镇化进程所带来的三农问题。第四层次，乡规划和村庄规划。乡规划和村庄规划是立足于改善农村人居环境的乡和村庄的整治规划。还有另一层次，风景名胜区规划。这个层次的规划介于上述四个层次之间，是统筹环境、风景名胜资源保护和镇、乡和村庄发展的重要规划，国家级的风景名胜区规划通过国务院审批成为控制和引导风景名胜区发展的重要政策依据。

这五个层次的城乡规划体系发展是一次历史性的重大改革，是为了适应目前我国经济社会发展要求，为了实现新的历史时期新的任务的一次综合性探索。历史文化名城规划、近期建设规划、控制性详细规划等实施层面的各项规划也是新的城乡规划体系的重要组成部分。

4.标准体系逐步完善

按照新形势下的新要求，围绕城乡规划的编制工作和实施监督工作，对建设标准体系进行了梳理。将与城乡规划相关的建设标准分为城市规划、住房、城市建设三大类，由建设部按法定程序发布，其中涉及15个专业的753项相关标准。目前完善具体标准的工作已经全面展开，大部分标准已经颁布实施或正在组织编制（图3-22）。

5.城乡规划效能监察制度和城市规划督察员制度逐步形成

目前已经有20多个省、自治区、直辖市相继依法成立了规划委员会，省建设厅作为省级的城乡规划主管部门工

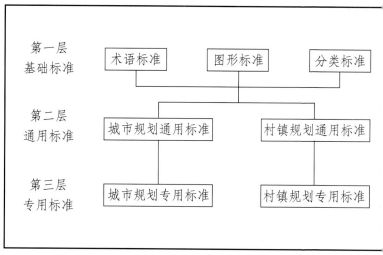

图3-22 城乡规划技术标准体系框图

作得到了有效加强。完善了"一书两证"制度,城乡规划更加注重加强市域内区域统筹和城乡统筹协调的发展。立法建立了城乡规划效能监察制度和城市规划督察员制度,切实加强对城乡规划实施的监督,更加体现公开、公正、公平和注重效率,从源头防止腐败行为发生,并取得了一定成效。2006年向第一批南京、杭州、郑州、西安、昆明、桂林6个城市派驻的城市规划督察员已经到位,目前向第二批12个城市派驻城市规划督察员的工作正在进行中。城市规划督察员依据法律法规和政策,以及经批准的城市规划和国家强制标准,注重事前事中监督,对派驻城市的规划实施情况进行了解,通过行政手段及时发现、调查和制止违法违规行为。

这一时期是党中央提出全面建设小康社会的关键时期,随着全球化进程的加速,中国经济的持续高速运行,城乡发展的背景和形势也在不断变化,因此城乡规划面临的任务和担负的职责更加艰巨。在这种背景下,规划界开始尝试通过区域发展规划、城市战略规划等新的技术手段解决城乡发展面临的复杂问题,并对城乡统筹、历史保护、自然保护等社会热点问题开始或者继续给予重点关注,城乡规划工作进入一个新局面。这一时期代表性的规划实例有珠江三角洲城镇群协调发展规划、南京城市发展战略规划研究、重庆城乡总体规划、上海历史保护探索等。

例1,珠江三角洲城镇群协调发展规划(图3-23)。2004年,广东省委、省政府与国家建设部联合组织编制了《珠

图3-23 珠三角区域空间格局示意图

江三角洲城镇群协调发展规划（2004—2020）》。它的基本出发点是落实科学发展观，实现城市和区域的"共赢"。规划确立了珠三角城镇群总体空间结构，以及各类设施与城镇建设的基本原则，为珠江三角洲实现全面、协调、可持续发展提供了科学路线和有效手段。针对珠江三角洲空间资源短缺、生态环境日渐恶化的实际，规划强调必须进一步强化可持续发展的意识，妥善处理好经济发展与人口、资源和环境的关系，坚持集约发展的模式；规划划定了需要重点协调的地区，引导区域环境基础设施的集中建设，推进基础设施的共建共享；强化和完善规划调控与空间管治机制。经专家评审并向社会各界公示后，2006年7月28日经广东省第十届人民代表大会常务委员会批准实施，并且专门制定了《珠江三角洲城镇群协调发展规划实施条例》。珠三角城镇群协调发展规划的实践为我国新的历史阶段区域协调发展规划起到了重要的示范作用。

例2，江苏省城镇体系规划（图3-24）。江苏省是我国东部沿海发展最快的地区之一，在快速发展的同时，江苏省也面临空间无序、资源匮乏、生态环境恶化等一系列发展瓶颈。在总结现状特征与问题，充分考虑新时期新的形势与要求基础上，规划广泛吸取前人相关研究成果和现有理论成就，组织省内各有关部门和省辖市共同参与规划研究和编制，尤其注重规划文本的政策性、可行性和可操

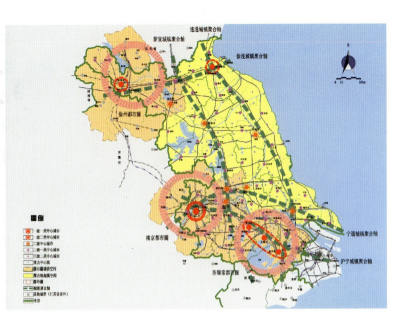

图 3-24 江苏省城镇体系规划空间组织示意图

作性，针对现状突出的城市化滞后于工业化、小城镇发展无序等问题提出了明确的城市化与城镇发展战略，促进城镇的集聚和集约发展。规划在提炼、创新新时期城镇体系规划的理论、方法等方面做出了大量有益的探索，在江苏省城市化和城镇发展的进程中发挥了重要作用。

例3，吉林省城镇体系规划（图3-25）。吉林省位于我国东北地区中部，是我国重要的工业基地和粮食生产基地，科技教育、生态环境和重要资源具有相对优势。规划从基本省情和新时期的新问题出发，重点强调省域生态、资源、环境等对省域规划的前提基础性作用，并以此为基础提出城镇化发展战略；强调省域规划的可实施性，强调地方政府事

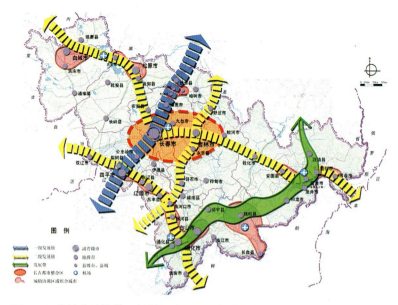

图 3-25 吉林省城镇体系规划城镇空间结构规划图

权,突出公共政策属性,提出了次区域的规划管理单元的概念;以科学发展观为指导,尝试在省域规划中提出"人文环境规划"、"社会主义新农村建设规划"等等。规划在新时期城镇体系规划的理论、方法创新等方面做出了大量有益的探索和尝试,在吉林省城镇发展的进程中发挥了重要作用。

例4,南京(图3-26)。2000年,继广州市开展了新世纪第一个城市总体发展概念规划南京开始在总体规划调整之前进行战略规划研究,通过多学科综合研究,从区域的角度分析城市产业发展和空间发展的规律,很好地将城镇空间发展和产业空间发展结合起来,因地制宜,提出轴向发展和多中心发展的战略思路,促进南京区域服务

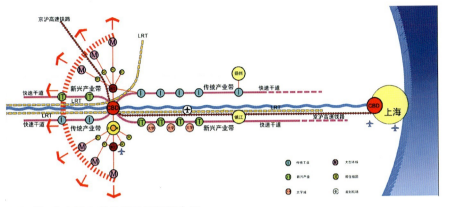

图 3-26 南京城市总体发展战略概念图

功能的提升,对后续城市总体规划的调整产生了重要影响。通过广州、南京、哈尔滨等多个城市发展战略规划的编制实践,城市空间发展战略规划研究的实践价值和作用进一步得到认同。2005 年建设部 2 号文件中明确规定城市总体规划工作之前必须进行城市空间发展战略研究,以更好地把握城市和区域发展的结构性、战略性问题,突出城市总体规划在协调人口、资源、环境、区域发展等方面的关键作用。

例 5,重庆(图 3-27)。在西部大开发的背景下,中央在 1997 年将重庆升格为直辖市,作为区域中心城市,重庆在诸多领域担负着中央开发西部战略的领头羊和试验田的任务。进入 21 世纪后,在五个统筹发展思路指引下,中央又将重庆、成都列为城乡综合配套改革试验区。正基于此,最新一轮重庆总体规划开创性地实现了城乡一体全覆盖的突破,这是新的城乡规划法批准后的首个得以批复的城乡

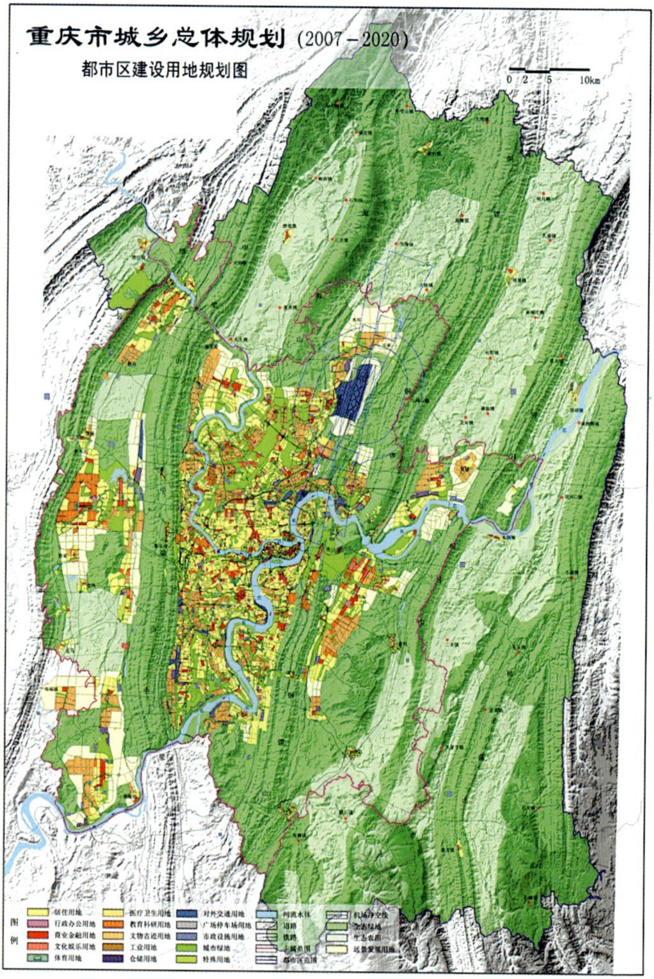

图 3-27 重庆城乡总体规划（2007~2020）

总体规划，具有重要的示范意义。

例 6，深圳（图 3-28）。经过 20 多年的高速发展，深圳已经从边陲小镇发展成为一个人口超千万的特大城市，但是在新的发展阶段，也面临着"人口、土地、资源、环

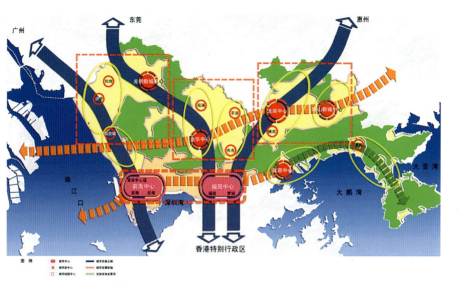

图 3-28 深圳城市总体规划结构图 (2007~2020)

境"四个"难以为继"的严峻形势,城市发展需要谋求新的出路。在新一轮的总体规划修编中,深圳调整思路,不追求数量和规模,在内涵与质量上做文章,走内涵式、集约式发展的道路,在不增加建设区范围的条件下,通过发展模式改变和土地使用整合保证城市的可持续发展,在规划思路和技术上具有超前的创新性。

例7,上海(图3-29)。作为国际性大都市和中国最大的历史文化名城,上海在保持城市高速发展的同时,对城市遗产保护领域一直给予了高度关注。在新时期,上海通过将控制性思路引入历史地段的保护,促使了保护规划编制与保护管理工作的良好衔接,具有一定创新性。此外,对待工业遗产的保护和再利用,上海通过改造老厂房引入

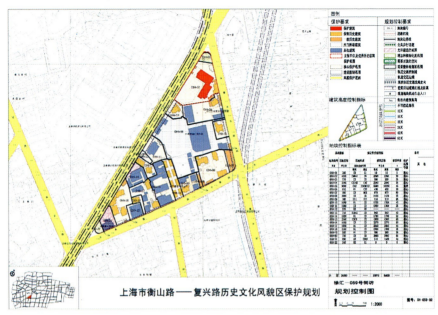

图 3-29 上海衡山路－复兴路历史文化风貌区保护规划图则

文化创意产业的模式,成功地实现了第三产业深度发展和文化遗产保护的较好结合。

例 8,黄龙—九寨沟风景区规划(图 3-30、图 3-31)。黄龙和九寨沟处于我国西南四川境内,是两个相邻的国家重点风景名胜区,其中九寨沟还被划为大熊猫保护地。黄龙－九寨沟风景名胜规划中,建立了区域风景名胜体系概念,合理处理风景名胜区和社会环境的关系,在风景区规划中纳入社会经济规划,促进人与自然和谐共处有序状态的建立。

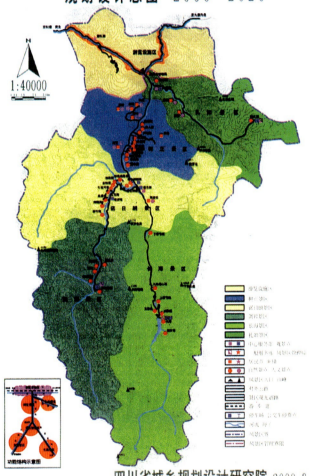

图 3-30 九寨沟风景名胜区总体规划

图 3-31 九寨沟风景

（三）现实的迫切任务

1. 当前形势和迫切问题

20世纪中叶以来，随着知识革命、信息革命的爆发，知识化、信息化、全球化浪潮席卷而来，同时全球也面临着资源危机、环境危机、能源危机等共同威胁。在如此复杂的国际背景下，如何顺利完成工业化、城镇化、市场化，实现国际化背景下的协调发展，实现"三步走"发展战略和"十六大"提出的全面建设小康社会目标，解决当前所面临的热点问题,诸如:资源短缺、环境压力、能源紧缺等等,是我国当前发展阶段所要面对的艰巨任务。

资源、环境、能源问题是世界各国共同面临的问题。在人口众多和资源、环境容量、能源有限的基本国情下,我国又正处于工业化、城镇化、市场化的关键时期,这些问题应当更加认真地加以解决。如何处理好这些问题不仅关系到我国当前的发展走向,还关系到全世界的未来。

在土地资源方面:据最新土地核查结果,我国耕地总面积18.27亿亩,只占全国陆地面积的13%,人均耕地仅有1.41亩,不到世界人均水平的40%。北京、天津、上海、浙江、福建、广东等6省市的人均耕地已经不足0.8亩,优质耕地少,污染和退化严重,后备资源严重不足。根据"十一五"规划纲要,到2010年,为确保国家粮食安全乃至世界粮食安全和国际社会的稳定,作为一个人口众多的负责任的发展中国家,我们必须守住耕地面积18亿亩这根红线。而当前建设用地总量增长过快,低成本工业用地过度扩张,违法违规用地、滥占耕地现象屡禁不止,保护耕地的任务仍然十分艰巨。

在水资源方面:全世界都面临着洪水、干旱和包括海洋污染在内的水体污染问题的威胁,水资源的区域失衡和水污染问题成为世界性问题。具体到国内,我国年平均水资源总量为28亿m^3左右,人均水资源拥有量2200m^3,不足世界平均水平的1/4,并且分布很不均衡,南方耕地面积只占全国的35.9%,但水资源却占总量的81%,北方黄河、淮河、海河、辽河四大流域片的耕地多、人口密,淡水资源量只有全国的19%,人均占有水量只有全国平均的18%左右。北方和西部部分地区已处于国际公认的极度缺水状况,全国600多个城市中有2/3供水不足,其中1/6的城市严重缺水。水资源的流域调配和水污染影响广泛。随着经济快速增长、城镇化水平提高和人口不断增加,水资源不足、水污染加剧和水生态的日趋退化,已成为当前影响我国可持续发展的重要因素之一。

在能源方面:全球工业化、现代化浪潮使世界范围内的能源供求日趋紧张,不论发达国家还是发展中国家都在寻求新的能源,替代不可再生的化石燃料。我国能源结构具有以煤为主的显著特征,煤炭在一次能源生产总量和消费总量中的比重远远高于全球平均水平,我国化石燃料进口已超过40%。我国人均一次能源消费仅为1.18t油当量,约为世界平均水平的3/4、日本的1/4、美国的1/7。而与世界先进水平相比,我国能源利用效率仍然较低,例如水泥行业综合能耗高出1/5,钢铁行业大中型企业吨钢可比能耗高出1/6,电力行业火电供电煤耗高出1/5,低能效和高能耗将对我国能源紧张和可持续发展构成压力。

在环境方面:环境问题也是一个世界性的问题。人类活动，尤其是化石燃料的大量消耗，所引发的全球变暖已经成为当前国际社会广泛关注的、最严重的世界性环境问题。经过各国科学家几十年的研究，各国政府和国际组织发布了大量的报告来指出这一问题的严重程度及解决途径。联合国气候变化委员会的最新报告警告说，除非采取紧急的应对措施，否则随着全球气温的不断升高，数百万的贫困人民将遭受饥饿、干渴、洪水和疾病的困扰。世界观察研究所和全球环境研究所合作发布的《世界报告2007：我们城市的未来》提出，虽然城市只占地球表面积的0.4%，但却制造了地球大部分的碳排放，这使城市成为缓解全球气候变暖危机的关键。我国目前监测的559个城市中，空气质量达到一级标准的仅24个（占4.3%），二级标准的325个（占58.1%），三级标准的159个（占28.5%），劣于三级标准的51个（占9.1%）。生活垃圾基本达到无害化处理的城市仅54%。城市污水处理率57%。对401个城市的监测中，21%的城市道路交通噪声超标，352个城市中近1/2的区域环境噪声超标等等。20世纪英国的新城规划就是为了解决当时严重的工业污染所引发的环境问题，当时的污染远比我国当前的情况要严重，西方国家走的是"先污染，后治理"的路。我们应当总结历史经验教训，节能减排要从规划抓起，包括规划理念的更新、空间布局的改善，量化指标的控制等等。

在社会人文方面：当前我国已进入改革发展的关键时期，经济体制深刻变革，社会结构深刻变动，利益格局深刻调整，思想观念深刻变化。这种空前的社会变革，给我国发展进步带来巨大活力，也必然带来这样那样的矛盾和问题。目前，我国社会总体上是和谐的，但是也存在不少影响社会和谐的矛盾和问题，主要是：城乡、区域、经济社会发展很不平衡，人口资源环境压力加大；就业、社会保障、教育、医疗、住房等关系群众切身利益的问题比较突出；体制机制尚不完善，民主法制还不健全等等。以往我们的城乡规划更多关注人口规模、用地规模，一定程度上忽视了人口素质提高的基础条件。人文问题不是简单的人口数量问题，更重要的是人口素质亟待提高的问题，它关系到社会主义核心价值体系的建立。与发达国家和世界先进水平相比，我国在人口高等教育程度、公共服务设施配套水平（尤其是医疗、教育、文化等公益性设施）、公共安全、社会保障等方面还相对落后，尤其是在广大的农村地区。城乡规划应该提供充足的公共服务设施，促进人的全面发展。

2.宏观发展目标提出的更高要求

针对当前的发展形势，党中央明确提出了科学发展观和构建社会主义和谐社会等执政理念。明确提出"坚持以人为本，树立全面、协调、可持续的科学发展观，促进经济社会和人的全面发展",强调"按照统筹城乡发展、统筹区域发展、统筹经济社会发展、统筹人与自然和谐发展、统筹国内发展和对外开放的要求"。明确提出"构建社会主义和谐社会",并提出具体的目标和任务。我国当前正处于城镇化快速发展时期,按照胡锦涛总书记"两个趋向"的重要论断,党和国家提出了实行"工业反哺农业、城市支持农村"的战略方针。提出了大中小城市和小城镇协调发展的方针,走中国特色的城镇化道路。这样就为我们指明了今后努力的方向和目标,也给我们的城乡规划工作提出了更高的要求。

以气候变暖为代表的世界性环境问题以及人口增长迅速、经济发展不平衡、资源短缺、能源紧张等问题,不仅仅是我国目前所面对的问题,同时也是世界各国所共同面对的全球性问题,不论发展中国家还是发达国家都要共同研究的问题。我们的城乡规划工作和努力的方向涉及全人类的发展与未来。

因此,我们的城乡规划工作必须适应现实社会发展,从理论建设到工作体制进行全面深入的改革和探索,分析解决发展中的迫切问题,充分发挥城乡规划调控各项资源(包括水资源、土地资源、能源等)、保护生态环境、维护社会公平、保障公共安全和公众利益的重要作用,担负起科学指导和有效管理城乡建设,实现城乡经济、社会、人口、资源、环境健康可持续发展的历史责任。

3.当前的迫切任务

胡锦涛总书记明确要求,"要坚持科学编制规划,深入认真和全面把握城镇的发展规律,认真听取专家的意见,研究制定科学合理的规划,保证规划经得起实践和时间的检验"。经过多年的努力,城乡规划的公共政策地位得以确立,并通过改进城乡规划编制的内容和方法,逐步完善了城乡规划的指标体系。建立健全了城乡规划的执法监督机制,建立起城乡规划督察员制度和城乡规划效能监察制度。树立了城乡统筹与区域协调的规划理念,初步形成了以大城市为中心、中小城市为骨干、小城镇为基础的多层次城镇体系。城乡规划作为实施国家发展战略的重要公共政策,必须与科学发展观和构建社会主义和谐社会的国家发展理念的变革以及发展重心的转变同步,如何科学引导城市的健康、有序、和谐发展是当前城乡规划工作中的重要课题。我们必须重新审视城市规划的编制工作,为城市经济利益、社会利益、生态利益的综合量化提供科学的依据,全面建立适应市场经济环境的规划强制性内容和指标体系,改进和完善传统模式的指标体系架构,落实资源节约、环境保护的要求和保障宏观发展目标的实现。

全面建设小康社会的目标体系涉及经济、社会人文、资源、环境等全方位的指标。城乡规划是实现我国全面小康社会目标的重要前提和步骤。依法编制的城乡规划经法定程序审定后作为依法行政和实施公共管理的依据，就必须要有量化的控制性指标。量化的控制性指标的制定，实质上就是更好地落实全面建设小康社会的目标。

　　需要说明的是，这里所提出的指标量化既不同于西方20世纪中叶"理性主义"进入综合理性阶段后所倡导的量化概念，也不同于我国20世纪50年代后计划经济模式下所采用的量化概念。前者，始于经济学领域理论的引入，以量化模型的方式研究城市行为，其思想渊源是绝对科学理性主义，完全忽视城市的社会人文属性，受到较大的争议，在20世纪70年代后逐步走向衰落。后者，源于前苏联的计划经济模式下的城市规划体系，对市场在配置资源的基础作用缺乏认识，预测基础存在先天不足，随着社会主义市场经济的逐步建立，这种方法无法适应。现在提出的指标体系，其最大特点就是以科学发展观和建设社会主义和谐社会的要求为核心，坚持以人为本，坚持科学发展，吸收古今中外优秀的规划理念，以合理利用和有效保护公共资源、维护社会和谐为目标，从经济、社会人文、资源、环境等方面，建立科学的指标体系。不仅注重经济发展指标，而且将资源指标和环境指标上升为约束性指标，并从和谐发展的战略高度确定社会人文指标，促进人的全面发展，推进节约发展、清洁发展、安全发展，实现经济社会全面协调可持续发展。

经济指标是确定其他相关指标的前提,要以促进经济又快又好发展为目标,突出强调服务业增加值占GDP的比重、人均GDP等指标,指导城市调整产业结构,转变经济增长方式,提高经济发展的效益和质量。

社会人文指标重点要明确人口、交通、医疗和教育设施标准,让广大群众共享改革发展成果,在实现社会公平、正义的同时,促进人的全面发展与和谐社会的建立。

资源指标突出水资源、能源和土地资源指标控制,重在提高资源利用效率,力争用较少的资源消耗支撑社会经济持续健康发展,特别注重土地、能源和水资源指标。

环境指标通过污水、垃圾和大气等指标控制污染物排放量,改善人居环境和生态环境,包括环境目标和减排的指标,涉及水体、大气和废弃物处理率。

概括地说,以上四个方面指标为代表的城乡规划指标体系,以人与自然、人与人和谐发展为目标,延续了我国从古代、近代、现代一直到新世纪的城市规划实践,从继承中国传统规划思想到学习西方现代规划理念再到发展中国特色的城乡规划,体现了永恒和变化的双重要求。面对新形势和新问题,城乡规划向着科学量化来指导和管理城乡建设迈进了一大步,在城乡规划理念、方法上具有丰富和创新的意义,但这一切仍然是建立在我们对于人和自然密不可分的关系系统认知基础上的。

城乡规划指标体系的建立和完善,将更好地体现城乡规划的公共政策属性,更有效地发挥城乡规划的综合调控作用。研究有效贯彻科学发展观、构建和谐社会的城乡规划指标体系,是一项具有开创性的工作,同时也是一个已经起步而尚未完成的现实任务,还需要做大量深入的研究。在工业化、城镇化、市场化、国际化深入发展形势下,资源、环境、能源问题越来越严峻,客观上需要我们坚持科学发展观,更加自觉地促进科学发展,促进人与自然的和谐。和谐之道,是中华民族千年来优秀的发展理念,在当代的社会经济发展中有其特殊的思想价值,在城乡规划工作中应积极认识,更深刻、更自觉地把握城乡发展规律,下更大的决心、采取更有力的措施提高城乡发展质量和效益。城乡规划作为公共政策的重要载体,建立以"和谐"为目标的城乡规划指标体系,是中国国情的现实要求,相信也是实现联合国世界千年目标,处理全球气候变化,实现全球资源有效利用和可持续发展的客观要求,是在转变经济发展方式、完善社会主义市场经济体制的新形势下我国城乡规划理论与实践的重要的新的进展。

结 束 语

回顾近现代中国城市规划与建设的历史,虽曲折坎坷,但反映了中华民族自强不息的精神。同时,我们可以清晰地意识到,中国在结束了半封建半殖民地的历史之后,逐步步入了现代化的轨道,中国城市规划和建设所面对的很多问题也是全球诸多国家共同面对的问题,外来文化对规划理念的影响是复杂多元的,和中国传统文化的冲突和交融过程也是潜移默化的。那么在这些重要的外来规划理念逐步融入成为中国现代城市规划理念的重要组成部分时,我们反而常常会思考中国传统文化影响下的古代城市规划理念的现代价值,要紧密结合中国城市规划工作的发展实际来讨论这方面的问题。

从现实发展的角度回眸历史,中国现代城市规划的发展已经处在一个非常开放的状态下。中西方发展理念的交流非常频繁,共同探讨解决国际社会共同面对的发展问题已经是摆在所有城乡规划和建设者面前的重大任务,这是历史赋予我们大家的使命。改革开放以来,我们积极主动地引进西方的各种规划理论和技术,希望能够解决好中国现实的发展问题,我们更多地是应用科学理性、整体综合、法律制度的理念。而随着社会主义市场经济的建立,利益格局复杂化,维护公共利益已经成为非常关键的、决定规划工作价值的理念。与此同时，我们深刻感受到，中国的城乡发展能够以科学发展观为统领，采取积极保护、合理利用资源和环境，将是对全人类生存和发展的重大贡献。我们需要回归到人与自然的基本关系上来思考我们的增长和发展模式，思考城乡社会的生活方式。而在这个认识基点上，中国人传统的以生命为中心的宇宙观恰恰为我们展现出人与大自然关系亲切的美好图景，让我们现代人领略到大自然任何东西的生和灭都与人类的发展休戚相关，中国传统文化影响下的"天人合一"的古代城市规划理念虽朴素但正具有极高的现代价值。西方的科学理性注重分析，倾向于头痛医头，脚痛医脚的方法，但中国的传统文化讲求的是生命的整体，以系统的、普遍联系的方式来认识和解决问题，前者对中国近现代的城市规划技术和理论产生了主要的影响，而后者的影响反而显得不够。中国传统文化的现代价值和作用并不只是体现在对宇宙和生命的感悟方面，在物质的建成环境方面中国传统文化理念曾经发挥了极其重要的影响作用，成为当代中国人必须给予高度关注并努力继承的文化遗产。因此，继承和发扬中国传统的规划理念同融合西方科学理性等规划理念不仅不是矛盾的，反而相辅相成。"天人合一"的理念虽然源于农耕社会，但究其实质是一种朴素的可持续发展观，对今日中国乃至世界的建设和发展仍具有重要的意义。现在中国城市和乡村所面临的问题使中国城市规划面临极其复杂的形势和局面，需要我们广收并蓄，博采中西规划的优秀理念，通过我们当代的规划实践来促进中西文化和规划理念的完美融合，丰富和发展其内涵，共同努力，共同探索，构建符合当代发展规律的城乡规划体系，完成时代赋予我们的光荣使命。

后　记

　　二十多年前，我关注到中华孔子研究会的成立，这是历史性的转折，是中国文化思想史上的一次巨大变化。东亚四小龙腾飞的大量信息促使我们对比思考中西文化，重新认识作为传统思想文化代表的儒学在中国现代化过程中的文化角色。那时我开始关注和思索中国传统文化对现代城市规划的影响，经过多年的城市建设和规划管理工作经历，越发认识到传统文化理念对当今城乡规划意义的重大。在中国共产党第十六次代表大会之后，党中央提出了科学发展观，并在第十七次代表大会上进一步丰富、完善和发展，这种新的发展思路和目标对城市规划工作提出了更高的要求，需要我们从理念、方法上探索适应新形势的出路。借此契机，我整理、修改十多年断续研究的既有成果，充实、完善新的内容，完成本稿，期冀能够对当代城乡规划理论和实践活动有所裨益。

　　值得欣慰的是在本书写作同时，新的城乡规划法已经得以批准，在科学发展观指引下探索完善城乡规划指标体系的实践也已经开始，期盼以此为起点，出现更多创新性的规划实践活动，为经济社会的和谐、可持续发展目标作出更大、更积极的贡献。

　　从传统文化中探索现代规划之路，国学大师季羡林对此十分赞同,欣然为本书题词,这是对我们工作的莫大鼓励。本书的写作过程中,得到了周干峙等专家的指导,石楠、傅爽、赵健溶等同志在资料收集整理、完善思路等方面提供了帮助。中国城市规划设计研究院张兵、胡敏、王玲玲、康新宇等同志参与了文稿的写作,给予了具体支持,在此一并表示感谢。